灌区改造项目

环境管理

赵阿丽　高希望　主编

黄河水利出版社

内 容 提 要

本书结合陕西省关中灌区改造工程世界银行贷款项目环境管理的探索和实践，从项目环境管理的概念、内容和世界银行环境政策入手，着重分析了影响灌区改造项目环境管理的主要因素，进一步研究提出了项目环境管理的对策措施，系统地总结了关中灌区改造工程项目环境管理的经验和教训，并简要阐述了灌区改造项目运行期的环境管理机构设置和工作要点。

本书可供全国水利工程、各大中型灌区工程技术人员及从事环境管理的工作人员参考，也可供水利及环境类有关专业大专院校学生学习参考。

图书在版编目(CIP)数据

灌区改造项目环境管理/赵阿丽，高希望主编．—郑州：黄河水利出版社，2007.7

ISBN 978-7-80734-219-9

Ⅰ.灌… Ⅱ.①赵…②高… Ⅲ.灌区改造-项目管理：环境管理 Ⅳ.S274.3

中国版本图书馆 CIP 数据核字(2007)第 093030 号

出 版 社：黄河水利出版社

地址：河南省郑州市金水路 11 号　　邮政编码：450003

发行单位：黄河水利出版社

发行部电话：0371-66026940、66020550、66028024、66022620(传真)

E-mail：hhslcbs@126.com

承印单位：黄河水利委员会印刷厂

开本：787 mm×1 092 mm　1/16

印张：11　　彩插：3

字数：270 千字　　印数：1—1 500

版次：2007 年 7 月第 1 版　　印次：2007 年 7 月第 1 次印刷

书号：ISBN 978-7-80734-219-9/S·93　　定价：29.00 元

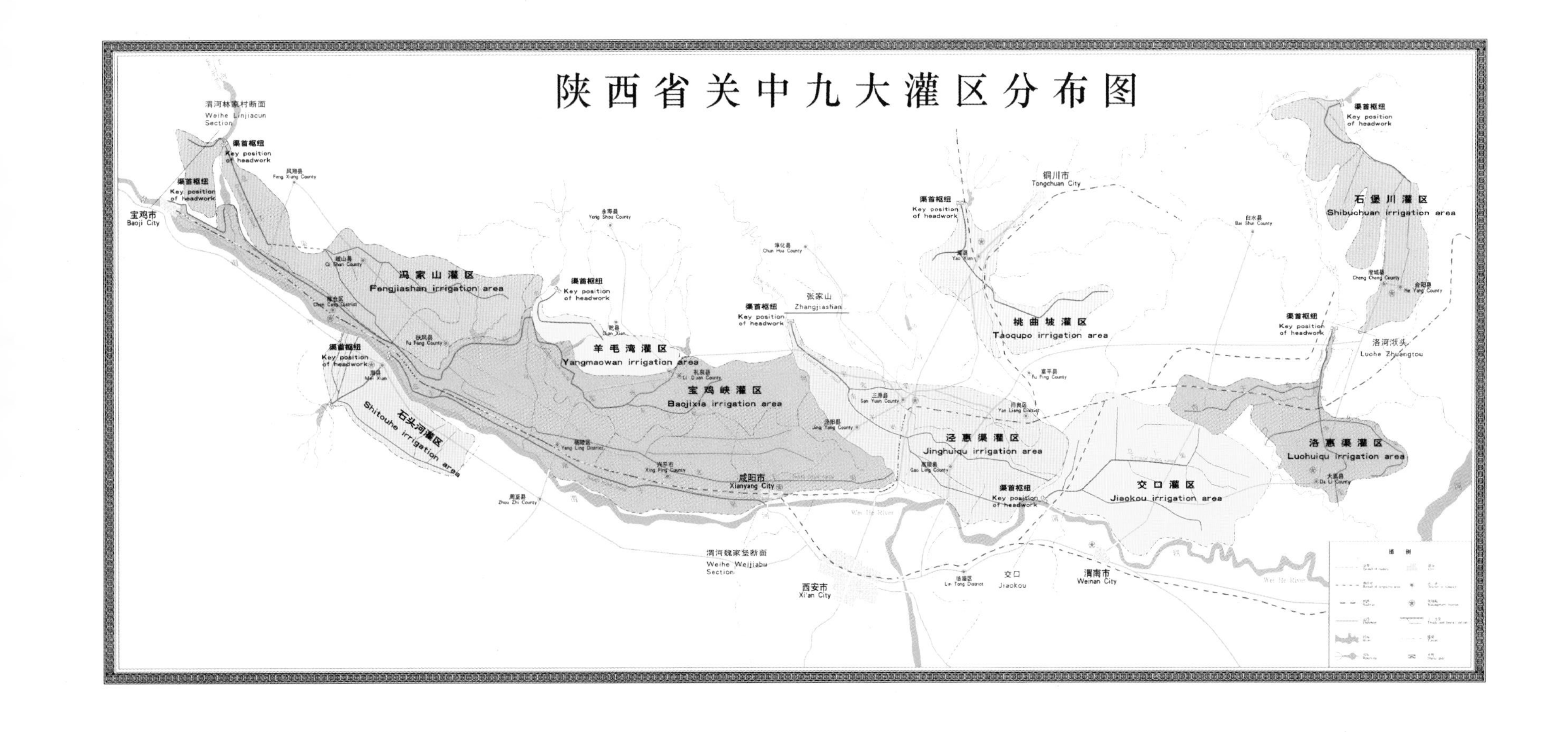
陕西省关中九大灌区分布图
宝鸡市
Baoji City
渭河林家村断面
Weihe Linjiacun Section
渠首枢纽
Key position of headwork
冯家山灌区
Fengjiashan irrigation area
羊毛湾灌区
Yangmaowan irrigation area
宝鸡峡灌区
Baojixia irrigation area
石头河灌区
Shitouhe irrigation area
咸阳市
Xianyang City
张家山
Zhangjiashan
铜川市
Tongchuan City
桃曲坡灌区
Taoqupo irrigation area
泾惠渠灌区
Jinghuiqu irrigation area
交口灌区
Jiaokou irrigation area
石堡川灌区
Shibuchuan irrigation area
洛河洑头
Luohe Zhuangtou
洛惠渠灌区
Luohuiqu irrigation area
渭河魏家堡断面
Weihe Weijiabu Section
西安市
Xi'an City
交口
Jiaokou
渭南市
Weinan City
图例

改造后的渠首枢纽大坝

改造前的渠首枢纽大坝

灌溉渠道旧貌换新颜

灌溉管理站危房得到改善

世界银行检查团对项目环境管理进行检查指导

环境管理培训

地下水监测井

河源水质监测

渠道水质监测

卫生防疫调查

土壤紧实度测定

土壤农药残留量测定

土壤养分速测

施工中的劳动保护

施工道路扬尘处理

利用废弃的混凝土板铺巷道

个别工地料场和混凝土拌和系统距群众住宅较近

整改后的施工料场

灌区污水集中排入排水渠

过村镇渠道加盖防止污染

污水通过管道集中排出

通过排污槽排污

《灌区改造项目环境管理》
编写委员会

主　　任：李润锁

副 主 任：雷雁斌

委　　员：周安良　高希望　刘宏超　李丰纪

　　　　　曹　明　田　伟　李红侠　王民社

主　　编：赵阿丽　高希望

技术顾问：谢庆涛

前　言

项目环境管理是指在工程项目的整个生命周期内,项目法人对项目环境进行全过程专项管理的活动。由于项目实施目的与项目对环境的许多影响在表现上不一定有直接联系,因此项目环境管理有时不容易看到其直接效益。但是,项目环境管理的间接效益和社会效益是显而易见的,因为环境管理是对项目环境影响的关注和分析,并通过采取一系列可行的、有效的环境保护和管理措施,把项目对环境的负面影响降到最低或可以接受的程度,这直接关系到项目的可持续发展。

陕西省关中灌区改造工程是世界银行贷款项目之一,与其他世界银行贷款项目一样,在项目准备及实施过程中,也引入了项目环境管理的理念。关中灌区改造工程环境管理工作的开展,并不是一帆风顺的,经过了一段由不认识到认识、由不理解到理解、由被动管理到主动管理的曲折历程,才逐步走上了正常化、规范化、科学化的道路。在项目实施初期,由于缺乏项目环境管理方面的基本知识和管理经验,不可避免地遇到了许多困难和挫折,尽管做了大量工作,但是绩效甚微。为此,根据实际情况,项目办组织有关专家重新审视了关中灌区改造项目的环境影响,以重点关注的环境问题为切入点,在《关中灌区改造工程项目环境影响评价报告》(以下简称《环境影响评价报告》)的基础上,编制了《关中灌区改造工程环境管理实施计划》(以下简称《环境管理实施计划》)。根据《环境管理实施计划》,重新构建了项目环境管理体系,在项目管理机构中设立了专门的环境管理办公室,全面实施《环境管理实施计划》,从而使项目对环境的不利影响降低到最低限度或可以接受的程度,并有效地保护了施工人员和工程沿线群众的健康。同时,在《环境管理实施计划》执行过程中,为农民群众监测土壤养分,在田间地头举办科学灌溉、科学施肥和预防疾病等科普知识讲座,有力地推动了灌区改造项目的可持续发展。

回顾陕西省关中灌区改造项目环境管理的工作历程,分析收获与缺憾,总结经验与教训,不仅对进一步提高关中灌区改造项目环境管理水平具有促进作用,而且对研究探讨我国大型灌区改造项目乃至其他水利工程项目环境管理,具有抛砖引玉之效。

本书从项目环境管理的基本概念入手,对陕西省关中灌区改造工程项目环境管理的实践进行了全面总结。全书共分为八章。第一章:绪论。简单介绍了项目环境管理的概念、内容和必要性。第二章:世界银行贷款项目及其环境要求。主要介绍了世界银行及其宗旨、世界银行贷款项目周期及其环境要求、世界银行的有关环境政策。第三章:灌区及关中灌区改造项目。主要介绍了关中灌区的概况、存在问题和灌区改造工程世界银行贷款项目及其建设情况。第四章:灌区改造项目环境影响分析。简单介绍了水利工程及灌溉对环境的影响,分析了关中灌区改造项目评估阶段、实施阶段以及运行管理阶段对环境的影响,归纳出了灌区改造项目对环境影响的主要因素及环境管理措施。第五章:关中灌区改造项目环境管理计划。分析了关中灌区改造项目《环境管理与监测计划》存在的主要问题和编制《环境管理实施计划》[1] 的主要原因。第六章:关中灌区改造项目环境管理实践。从环境管理机构建立及运行、施工区环境管理、区域环境事项管理、环境监测等方面全面总结了关中灌区改造工程世界银行贷款项目环境管理工作实践。第七章:项目运行期环境管理。简要阐述了关中灌区改造项目运行期的环境管理机构和工作要点。第八章:主要经验教训。归纳总结了关中灌区改造项目环境管理工作中的主要经验和教训。

在本书编写过程中,得到了世界银行北京代表处官员王佩珅博士和姚松龄博士的支持,同时,也得到了西北农林科技大学经济管理学院李云毅副教授、陕西省关中灌区改造工程世界银行贷款项目办薛鼎武高级工程师的鼓励和热情帮助,在此,表示诚挚的感谢。

由于项目环境管理在我国尚属探索和起步阶段,其中的很多概念和观念都有待于进一步探讨、完善,加之编者水平所限,书中难免存在错误、不当之处,敬请读者批评指正。

编　者

2007 年 3 月

[1] 本书中《环境管理与监测计划》系指项目协议中所指的《环境影响评价报告》中的《环境管理计划》;《环境管理实施计划》专指 2004 年 2 月在《环境管理与监测计划》基础上编制的项目《环境管理计划》。

目　录

第一章　绪　论

项目的环境管理是项目管理的重要组成部分，它贯穿于项目的整个生命过程中。在我国，系统化的建设项目环境管理工作起步比较晚。20世纪90年代初，世界银行在我国的一些贷款项目上开始引入项目环境管理的理念，并实施项目环境管理。本章将简要介绍项目环境管理的概念、内容及其必要性。

第一节　项目环境管理的概念

一、环境管理

（一）管理

管理是遵循事物的客观规律，运用科学方法，通过决策、计划、组织、领导和控制等措施，来实现预定目标的一种活动。

（二）环境管理

环境管理属于管理学范畴，是管理的一种具体形式，通常是指运用法律、行政、经济、技术、教育等手段，对人类损害环境质量的活动施加影响，通过全面系统地规划，合理规范人类社会经济活动的行为，并对该行为进行规划、计划、组织、领导和控制，从而达到既要发展经济满足人类的基本需要，又要不超过环境允许极限的目标。

环境管理也可以理解为是对已经发生或可能发生损害环境质量的行为，通过一定的手段施加控制性影响，以最大限度地缓解、补偿或阻止、消除因这种损害活动而对环境质量的影响，使环境对人群的生存和社会经济的发展保持其适宜的程度。

按照环境管理的规模可以把其划分为宏观环境管理和微观环境管理。宏观环境管理，一般是指从总体上、宏观上及规划上对发展与环境进行调控和管理的一种活动。宏观环境管理包括国家或地方环境标准的制定、环境质量评价、环境经济、环境管理体制和机构、环境立法与司法等内容。

微观环境管理，一般是指以特定地区、特定项目或工业企业环境为对象，研究规划、组织和控制不利环境影响的具体活动。比如治理和控制污染、工程项目的环境管理等。

二、建设项目环境管理

（一）建设项目环境管理的含义

项目环境管理是指在工程项目的整个生命周期[1]内，项目法人对其进行的全过程环境专项管理的活动，是工程项目管理的主要组成部分之一。因此，项目环境管理有两层含

[1] 项目生命周期，是指一个建设项目由筹划立项开始，直到项目竣工投产运行为止的整个过程。

义:一是环境管理是项目法人的职责;二是环境管理要贯穿项目建设的整个周期。就是让工程项目的责任人在整个项目周期内,承担项目环境问题的全部责任,这点也与我国的“项目建设法人责任制”的项目管理组织机制相一致。

项目环境管理属于微观环境管理的范畴,就是运用法律、行政、经济、技术、教育等手段,对工程项目从环境的角度进行决策、计划、组织、领导和控制,从而达到既要建设工程项目,又要使项目的不利环境影响降低到最低或可以接受程度的目标。

(二)建设项目环境管理的目的

项目环境管理的目的是通过项目环境影响评价,采取避免、缓解、补偿和消除项目对环境的负面影响的措施,使工程项目对环境的负面影响减小到最低或可以接受的程度,并有效地保护施工人员的健康和促进项目的可持续发展。

第二节 项目环境管理的内容

一、项目环境管理的主要内容

项目环境管理的主要内容包括编制《环境影响评价报告》和环境管理计划;实施项目环境管理计划;总结评价环境管理工作,积累和推广项目环境管理经验等。

(一)编制项目《环境影响评价报告》

通过对项目环境现状的调查,分析项目对环境的影响因素,根据国家有关法律、法规和标准,编制与项目环境管理要求相适应的《环境影响评价报告》。

(二)编制项目环境管理计划

环境管理计划是指为了消除或补偿项目的负面环境影响,或将项目负面环境影响降到最低或可以接受的程度,而制定的实施缓解、消除负面环境影响环保措施的内容、方法和计划。

环境管理计划一般包括:环境管理机构建设、环境管理措施的具体内容及操作程序、环境管理制度建立、环境管理人员的能力开发和培训、环境监测、环境管理经费等方面的行动计划和进度安排。

(三)实施项目环境管理计划

实施项目环境管理计划就是运用法律、行政、经济、技术、培训和宣传等手段,完成和执行项目环境管理计划,实现环境管理目标的过程,是项目实施和运行期环境管理的核心。

主要包括以下工作内容:

(1)建立环境管理体系。在项目法人系统内,设置高效、精干的环境管理机构,并建立以项目法人为管理主体,由环境监理、环境咨询专家组、政府环境主管部门、承包商等多方参与的、责任明确的、相互协作的项目环境管理体系。

(2)制定各项环境管理制度。主要包括环境监理制度、环境报告制度、环境监测制度、环境信息管理制度及环境培训制度等。

(3)落实各项环境保护措施。根据项目进度,逐项落实环境管理计划中的各项环境保护措施。包括项目环境设计、招标文件中的环境保护条款,项目实施中水土保持、防尘、防噪声、防污水等措施。通过环境保护措施的落实,使项目的不利环境影响降到最低或可以接受的程度。

(4)实施环境监测计划。根据项目环境管理计划中的环境监测内容、频次、范围等,实施环境监测工作,审查监测单位的环境监测报告,根据其结果制定并落实新的环境管理措施。

(5)实施环境培训,处理专项环境问题和协调环境管理中的各种关系。

(四)环境总结评价

项目环境管理是一个动态管理的过程,在实施环境管理计划中,要随时总结工作中的经验,吸取教训,根据实际对环境管理计划做出相应的完善和调整。项目结束后,对整个项目的环境管理工作进行全面总结,为以后类似项目的环境管理积累经验。

二、环境管理在项目不同阶段的侧重点

在工程项目建设的不同阶段,环境管理的内容和重点不同,详见表 1-1。从表 1-1 中可以看出,环境管理贯穿于工程项目建设的全过程,而项目可行性研究阶段和工程施工阶段的环境管理工作应该是项目环境管理的重点。

表 1-1　项目建设各阶段的环境管理

项目建设阶段	项目环境管理的主要内容
立项	环境现状调查,环境因子筛选,确定环境影响的类型
可行性研究	编制环境《影响评价报告》及环境管理计划
工程设计	在工程设计中落实《环境影响评价报告》所确定的环境保护措施
工程招投标	将环境影响评价中确定的各项施工期环保措施列入施工合同条款中
工程施工	实施环境管理计划,环境监理现场监督承包商施工中环保措施落实情况
工程验收	保证工程投入运行以前,环保措施已经落实,环境管理目标已经实现
项目运行	实施运行期环境管理计划(包括监测计划)
项目终结	进行项目环境管理总结评价

第三节　项目环境管理的必要性

一、项目环境管理是项目管理的内在要求

项目环境管理就是运用法律、行政、经济、技术、教育等手段,对工程项目进行决策、计划、组织、领导和控制,从而达到既要建设工程项目,又要使项目的不利环境影响降到最低(不超过环境容许极限)或可以接受程度的目标。项目环境管理同项目造价管理、进度管理和质量管理一样,是项目管理的重要组成部分之一。

二、项目环境管理是完善我国环境管理制度的客观要求

项目环境管理贯穿于项目整个生命过程中,包括编制《环境影响评价报告》,落实缓解、消除不利环境影响的环境保护措施,实施项目环境管理计划,总结评价环境管理(进行环境验收)工作。

目前,环境影响评价制度与"三同时"制度[1] 是我国有关环境保护法律、法规的两项基本制度。环境影响评价制度是指把环境影响评价工作以法律、法规或行政规章的形式确定为强制遵守的制度。也就是说,建设项目必须依法进行环境影响评价,并将其纳入基本建设程序。我国《建设项目环境保护管理条例》规定:对未经环境保护主管部门批准环境影响报告书的建设项目,计划部门不办理设计任务书的审批手续,土地管理部门不办理征地手续,银行不予贷款。把环境影响评价制度结合到基本建设的程序中去,使其成为建设程序中不可缺少的环节。

但是,大量事实证明,一个工程项目即使进行了环境影响评价,《环境影响评价报告》也已经通过环境保护主管部门批准,项目的规划、设计和工程施工承包合同文件中也包括了《环境影响评价报告》确定的环保措施,在工程实施过程中,也未必能保证上述措施能切实得到落实。

改革开放以来,我国的经济建设取得了很大的成就。但随着大规模建设项目的实施,也产生了不可忽视的环境问题。其中有很多问题是建设项目施工期间造成的。例如,施工中乱采土、沙、石料造成植被破坏、生态景观破坏;施工弃渣乱堆放造成河道阻塞、水土流失严重;施工生产废水、生活污水未经处理直接排放,造成地表水、地下水污染等。有的环境问题是工程项目运行期间造成的。例如,有的项目出现环境公害问题,严重威胁公众健康乃至人民生命安全;有的造成原有地表水、地下水平衡被破坏、湿地退化、土地盐碱化、沙化加剧等。

这些问题的发生,一方面,说明项目建设者的环境保护意识有待于进一步提高;另一方面,说明我国目前的环境管理体制在项目管理上还存在着薄弱环节。一个项目通过环境影响评价后,在项目建设期间,建设单位、工程监理、承包商主要关注的是工程的质量、进度和造价,往往忽视了环境保护要求,忽视了环境影响评价确定的环保措施的落实。而环境行政主管部门由于人力、财力等条件的限制,不可能对所有工程项目进行现场连续的过程监督管理,只好依赖于项目施工结束后的环境验收把关,从而造成项目实施期间环境管理出现了"盲区"。在项目通过环境验收后,项目运行单位更关注的是项目的经济效益,而往往忽视项目运行带来的环境问题。而环境行政主管部门也不可能对所有工程项目运行期间的环境问题进行连续性现场监督管理,从而造成项目运行期环境管理也出现了"盲区"。

可见,加强项目实施和运行过程这一环节的环境管理,监督检查这一环节工程中环境保护措施的有效落实,对完善我国的环境管理体制和最终实现"使项目环境的负面影响降到最低或可接受程度"的环境管理目标,具有十分重要的意义。

---

[1] "三同时"制度是我国出台最早的一项环境管理制度,是指建设项目的环境保护设施或污染治理设施必须与主体工程同时设计、同时施工、同时投产的制度。

第四节 本书相关术语解释

一、环境

“环境”是一个使用非常广泛的名词,它的内涵和内容十分丰富,但在不同场合和不同学科中又有不同的解释,不同的国家由于政治、经济和文化背景不同,对其也有不同的解释。

《中华人民共和国环境保护法》对环境的定义为:本法所称的环境,是指影响人类生存和发展的各种天然的和经过人工改造的自然因素的总体,包括大气、水、海洋、土地、矿藏、森林、草原、野生生物、自然遗迹、人为遗迹、自然保护区、风景名胜区、城市和乡村等。这是对环境一词的法律界定,是一种把环境中应当保护的要素或对象界定为环境的工作定义,其目的是从实际工作需要出发,对环境一词的法律适用对象或适用范围做出规定,以利于法律的准确实施。

环境科学中的所谓环境,是指人类社会(主体)赖以生存和发展的外部世界[1]的各种物质因素交互关系的总和。

本书所说的环境,是指研究主体之外的一切客体之总和,称为研究主体的环境。

二、环境影响

环境影响是指人类活动(经济活动和社会活动)对环境的作用和导致的环境变化,以及由此引起的对人类社会和经济的效应。

三、环境敏感区

环境敏感区是环境科学中一个非常重要的术语,我国《建设项目环境保护分类管理名录》是这样定义环境敏感区的,环境敏感区指的是具有下列特征的区域:

(1)需特殊保护的地区。国家法律、法规、行政规章及规划确定或经县级以上人民政府批准的需要特殊保护的地区,如饮用水水源保护区、自然保护区、风景名胜区、生态功能保护区、基本农田保护区、水土流失重点防治区、森林公园、地质公园、世界遗产地、国家重点文物保护单位、历史文化保护地等。

(2)生态敏感与脆弱区。沙尘暴源区、荒漠中的绿洲、严重缺水地区、珍稀动植物栖息地或特殊生态系统、天然林、热带雨林、红树林、珊瑚礁、鱼虾产卵厂、重要湿地和天然渔场等。

(3)社会关注区。人口密集区、文教区、党政机关集中的办公地点、疗养地、医院等,以及具有历史、文化、科学民族意义的保护地等。

四、环境质量

环境质量是指在一个具体的环境内,环境的总体或环境的某些要求,对人群的生存和

---

[1] “外部世界”主要是指人类认识到的直接或间接影响人类生存与社会发展的自然因素和社会因素。

繁衍以及社会经济发展的适宜程度,而形成的对环境评定的一个科学概念。环境质量是环境系统客观存在的一种本质属性,并能用定性和定量的方法加以描述的环境系统所处的状态。从广义上讲,环境质量包括自然和社会两大部分。前者主要有物理环境质量(如噪声、微波辐射等)、化学环境质量(如环境的化学组成等)和生物环境质量(如生物群落构成等);后者主要有政治、经济、文化、道德和美学等各种社会环境。世界各国和地区的社会制度不同,经济、文化发展程度不同,其社会环境质量也各有差异。

五、环境容量

环境容量是指一定地区或各环境要素,根据其自然净化能力,在特定的污染源布局和结构条件下,在环境目标值范围内,所允许的污染物最大排放量。

六、环境自净能力

环境自净能力是指被污染的环境介质(如大气、水、土壤等),通过扩散、稀释、氧化还原、生物降解等作用,污染物质的浓度会自然降低的现象。

七、项目

项目是一个特殊的将被完成的有限任务,它是在一定时间内,满足一系列特定目标的多项相关工作的总和。项目的定义包含三层含义:第一,项目是一项有待完成的任务,且有特定的环境与要求;第二,在一定的组织机构内,利用有限资源在规定的时间内完成任务;第三,完成的任务要满足一定性能、质量、数量、技术指标等要求。即项目有三重约束——时间、费用和性能[1]。

工程项目是指需要投入一定量的资本、实物资产,有预期的经济和社会目标,在一定的约束条件下经过研究决策和实施(设计和施工建设等)的一系列程序,从而形成固定资产的一次性事业。

八、项目法人

项目法人是指由项目投资者代表组成的,对建设项目全面负责并承担投资风险的项目法人机构,他是一个拥有独立法人财产的经济组织。

九、项目法人责任制

项目法人责任制是一种项目管理组织制度,也是建设项目决策和实施的有效组织形式和经营机制,是将投资所有权和经营权分离,对建设项目规划、设计、筹资、建设实施直至生产经营,以及投资保值增值和投资风险负全部责任。我国从 1992 年起,项目建设实行的就是项目法人责任制的管理机制。

十、灌区改造项目

灌区改造项目是在已建成的灌区基础上,针对现有灌区的库、坝、闸等病险建筑物、高

---

[1] 参见:http://www.gze.cn/showcon_20168A201680001412.html,项目管理概念及过程。

填方与深挖方危险渠道、渗漏严重的渠道等险工险段进行除险改造，同时对达不到设计能力的渠系进行续建配套，主要是以加强灌区基础设施建设、提高水的利用率为目标，以骨干建筑物的除险加固、续建配套、解决“卡脖子”工程、渠道防渗建设为重点，对灌区的渠首工程、干支渠道、排水干支沟及其建筑物和中低产田进行续建配套和节水改造。

十一、项目环境

建设项目环境是指以建设工程项目为研究主体的外部条件的总称。人对于工程项目而言，是其环境的组成部分。

十二、项目管理

项目管理就是以项目为对象的系统管理方法，通过一个专门组织，对项目进行全过程、全方位、动态的决策、组织、计划、控制、协调和总结评价的活动，以费省效宏地实现项目目标。

工程项目管理是以工程建设为基本任务的管理活动，其具体目标是在限定的时间内，在限定的资源条件下，以尽可能快的进度、尽可能低的成本、符合工程项目质量标准地顺利完成项目建设任务。

十三、项目环境影响

项目环境影响是指项目在实施过程、竣工后正常运行中和服务期满后产生的和诱发的环境质量变化，或一系列新环境条件的出现，也是建设项目与环境之间的相互作用。

【建设项目】+【环境】=【变化的环境或新环境】

对于预测到的不利环境影响，通常需要采取一系列措施(包括防止、减轻、消除或补偿)来减缓不利的环境影响。

十四、环境影响评价

环境影响评价是指在人们生产活动(如开发资源、工程项目建设等)之前，对活动全过程潜在的环境影响进行系统地识别、分析、预测和评估，论证各种替代方案，制定预防、尽可能减少、减轻、补偿或消除负面环境影响的对策和措施，并向公众解释和发布传播这些有关环境影响的信息，通过增大正面影响来寻求改善项目的选择、选址、规划、设计和实施，从而达到人类行为与环境之间的协调发展，其根本目的是鼓励人们在规划、决策和实施中考虑环境因素，最终实现更具环境相容性的人类活动。

十五、环境管理计划

环境管理计划是指为了消除或补偿项目的负面环境影响，或将项目负面环境影响降到最低或可以接受的程度，而制定的实施缓解、消除和补偿负面环境影响环保措施的内容、方法和计划。

十六、环境监测

环境监测就是运用现代科学技术手段,对代表环境污染和环境质量的各种环境要素及环境影响活动的监视、监控和测定,从而科学评价环境质量及其变化趋势的操作过程。环境监测分为监视性监测、特定目标监测和研究性监测三类。

(1)监视性监测。又叫常规监测,是对各种环境要素进行定期的、经常性的监测。一般包括环境质量和污染监测,如城市大气质量、河流水质等的常规监测。

(2)特定目标监测。又称特例监测或应急监测,有污染事故监测、纠纷仲裁监测、考核验证监测、咨询服务监测等。

(3)研究性监测。又叫科研监测,属于高层次、技术比较复杂的一种监测,通常由多个部门、多个学科协作完成。其任务是研究污染物或新污染物自污染源排出后,迁移变化的趋势和规律,污染物对人体和生物体的危害及其影响程度,包括污染规律研究监测、背景调查监测、综合评价研究监测等。

项目建设的环境监测是项目环境管理的重要手段,是项目环境管理计划的重要组成部分,属于环境监测中的"特定目标监测"。是运用科学手段对项目的各种环境影响进行监视、监控、追踪和测定,来反映项目实施过程中实际的环境影响程度,从而提出预警,再确定和实施环境保护措施,使这种影响降到最低或可以接受的程度。

十七、环境监理

所谓环境监理,是指受项目法人委托的机构或执行者,在承包商的施工区域和生活营地对承包商进行现场连续监督和管理,确保承包商在施工过程中遵守国家有关环境保护法律法规,落实项目《环境影响评价报告》确定的各项环境保护措施。本书所说的环境监理不同于各级人民政府环境保护行政主管部门通过专门的机构和人员,对本辖区的环境保护进行现场监督执法活动的统称的一般意义上的"环境监理"。项目环境监理的工作目标是对工程承包商进行现场环境监督管理,使项目《环境影响评价报告》确定的各项环境保护措施切实得到落实,从而使承包商的施工活动和生活活动对环境造成的负面影响降低到最低或可以接受的程度,并有效地保护施工人员及工程周围公众的身体健康。

十八、工程监理

工程监理是指受项目法人委托的独立的、专业化的机构,采取组织措施、技术措施、经济措施和合同措施等手段,对工程建设项目的工期、质量、投资等目标及合同的履行进行有效地管理和控制,使工程项目按工程承包合同确定的目标,在按期、保质、低耗条件下最终实现。

十九、项目的环境监理与工程监理的关系

项目的环境监理与工程监理的关系是相互联系,又各有特点的。

(1)相互联系表现在:两者都是受项目法人的委托,同时对承包商的施工过程进行监督管理;环境监理是工程监理的延伸和补充;环境监理以工程监理的一个组成部分的身份

出现,环境监理对承包商的指令和两者的往来文件,应该通过工程监理下达和反馈;利用同在施工现场的便利条件,环境监理和工程监理相互通报信息,配合解决施工现场出现的与工程和环境有关的问题。

(2)两者的区别表现在:工程监理主要关注的是工程的进度、质量和投资情况,而环境监理关注的是环境保护措施的落实、环境保护目标的实现情况;工程监理要求的专业技能主要是工程和工程施工,而环境监理要求的技能主要是环境和环境管理。

第二章　世界银行贷款项目及其环境要求

我国于1980年恢复了在世界银行的合法席位，经过多年的努力和发展，与世界银行已建立起成熟的重要的发展伙伴关系。截至2006年6月30日，世界银行向我国提供贷款总额达405亿美元，支持了274个项目建设[1]，项目涉及教育、农业、交通、水电、供水和排污等各个领域，陕西省关中灌区改造工程项目就是世界银行贷款建设的项目之一。世界银行在向我国提供贷款进行项目建设的同时，也将它在世界各国成功投资的管理经验，输入到我国的项目管理中，如国际工程竞争性的招投标制、现代经济项目评估技术以及建设监理制、项目环境管理等这些先进的管理理念。我国利用和借鉴其他国家成功的经验，使工程建设管理走上了日益规范化和法治化的轨道。世界银行大量资金的投入，不仅给我国经济注入了活力，加速了经济发展，而且为我国项目管理的现代化建设发挥了重要作用。

陕西省关中灌区改造工程项目是世界银行贷款项目，利用世界银行贷款1.0亿美元。世界银行参与了项目的准备、评估、实施等全过程。正是由于世界银行的参与，陕西省关中灌区改造工程在实施过程中，有效地开展了项目环境管理工作。为了使读者对世界银行及世界银行环境政策有些初步、概括地了解，本章简要介绍世界银行、世界银行贷款项目及其环境要求。

第一节　世界银行与世界银行贷款项目

一、世界银行集团

世界银行集团(The World Bank Group)是联合国组织中经营国际金融业务的机构，由国际复兴开发银行IBRD (The International Bank for Reconstruction and Development)、国际开发协会IDA(The International Development Association)、国际金融公司IFC(The International Finance Corporation)、国际投资争端解决中心ICSID (The International Centre for The Settlement of Investment Disputes)和多边投资担保机构MIGA(The Multilateral Investment Guarantee Agency)五个机构组成，每个机构在执行“帮助发展中国家减少贫困和提高生活水平”任务中起着不同的作用。

国际复兴开发银行——成立于1945年12月，目前拥有184个成员国。IBRD为中等收入国家和偿债信用好的低收入发展中国家的经济发展提供中、长期发展贷款，贷款利率低于市场利率。

国际开发协会——成立于1960年9月，目前拥有165个成员国。IDA的任务是为低

---

[1] 参见：http://www.worldbank.org.cn/Chinese/Overview/overview-brief.htm。

收入[1] 的会员国提供长期无息贷款，帮助这些国家建设基础服务设施，以提高社会生产率，并为社会提供更多的就业机会。

国际金融公司——成立于1956年，目前拥有176个成员国。IFC主要为发展中国家可持续的私营企业提供长期贷款、担保和风险管理，并提供各种咨询服务，以促进其经济的发展。

国际投资争端解决中心——非金融性机构，成立于1966年，目前拥有140个成员国。ICSID主要通过调解和仲裁，为各国政府和外国投资者之间解决争端提供方便，以鼓励更多的国际投资流向发展中成员国。

多边投资担保机构——非金融性机构，成立于1988年，目前拥有164个成员国。多边投资担保机构通过向外国私人投资者提供担保，以使他们免遭非商业风险(如征收、货币不可兑换、转移限制和战争、内乱等)造成的损失，即帮助发展中国家的成员国创造一个良好的软投资环境，以便更有效地吸引外资来促进本国经济发展。

通常所说的“世界银行”主要是指世界银行机构中的国际复兴开发银行和国际开发协会[2]。

二、世界银行及其宗旨

世界银行(World Bank)成立于1945年12月，1947年11月5日起成为联合国专门机构，是世界上最大的政府间金融机构之一。由联合国的会员国以认股的方式组成，世界银行的最高权力机构是理事会，由执行董事会负责其日常业务，总部设在美国华盛顿，并在巴黎、北京等地设立了100多个国别代表处。

世界银行成立初期的宗旨是致力于战后欧洲复兴，1948年以后转向世界性经济援助。其宗旨是通过可持续增长地提供贷款、政策引导、技术援助和知识分享服务来协助发展中国家战胜贫困，提高社会生产力，促进经济发展和社会进步，提高人民生活水平。

三、世界银行贷款项目

世界银行只向会员国提供贷款，而且该贷款中大部分是项目贷款。因此，将世界银行贷款资金与国内资金结合使用进行投资的某一固定的投资目标，就称为世界银行贷款项目。世界银行对项目的管理贯穿于整个项目周期中，项目管理的重点是分析项目的可行性和监督项目的实施过程，以保证贷款项目对借款国发展国民经济和提高人民生活水平确属必需，而且实施顺利，取得良好的经济效益和社会效益。这也是世界银行贷款项目区别于一般商业银行贷款项目的重要特征，也是世界银行贷款项目很少失误的关键所在。

---

[1] 根据世界银行2002年《世界发展报告》对高、中、低收入国家的划分标准，2000年人均国民总收入(GNP)在755美元以下的为低收入国家，756美元至2 995美元为中下等收入国家，2 996美元至9 265美元为中上等收入国家，9 266美元以上为高收入国家。

[2] 参见：http://www.worldbank.org.cn/Chinese/Overview/overview-about-5orgs.htm。

第二节　世界银行贷款项目周期

一、项目周期的概念

项目周期，又称项目寿命周期，是指一个建设项目由筹划立项开始，直到项目竣工投产，收回投资，达到预期投资目标的整个过程，这一过程的结束往往是另一个新项目的开始，是一个循环过程。

二、世界银行贷款项目周期

世界银行为确保其贷款有助于借款国的经济发展，项目获得成功并能如期收回贷款本息，建立了一套严格的工作程序——贷款项目周期。该周期分为选择项目、项目准备、项目评估、项目谈判与贷款批准、项目实施及监督和项目总结评价六个阶段。项目周期的每一阶段都导致下一阶段的产生，并为下一阶段奠定基础，而下一阶段又与上一阶段紧密相连，是对上一阶段工作的深化、补充和延伸，最后一个阶段又产生了对新项目的探讨和设想，并进而为选定新的项目提供借鉴与信息。这样，项目的周期就形成了一个完整的循环圈，周而复始，如图 2-1 所示。

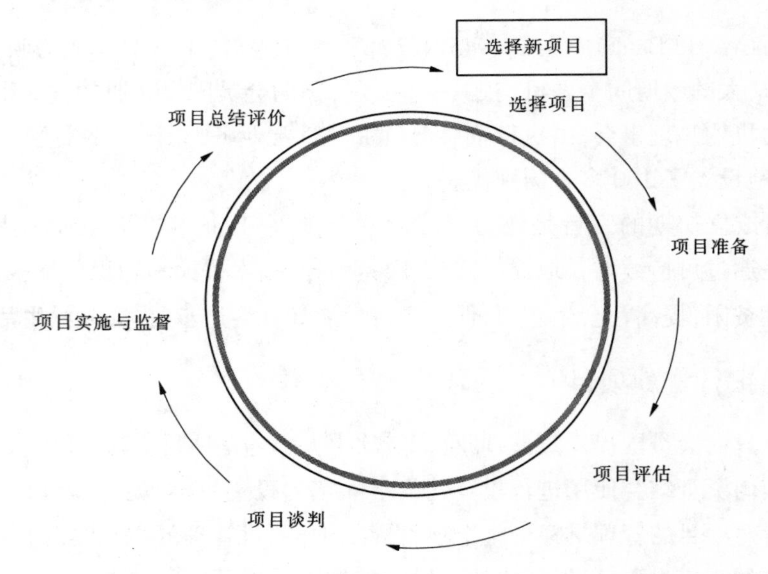

图 2-1　项目周期循环圈

(1)选择项目阶段。初步分析有关的原始资料，对项目的技术经济可行性和必要性进行鉴定，以便初步确定项目。

(2)项目准备阶段。进行项目的可行性研究，编制详细的项目可行性研究报告，确定项目成功的必要条件和特殊要求，这是世界银行确定项目贷款的关键步骤，由贷款国在世界银行密切配合下进行。

(3)项目评估阶段。这是项目周期中的一个关键阶段,对项目的工程技术、组织机构、财务经济和涉及的环境、移民等进行全面的评估,为项目的谈判奠定基础。

(4)项目谈判阶段。也是项目贷款批准的阶段,是世界银行与借款方为保证项目的成功,就所采取的必要措施达成协议的阶段,并将这些协议作为法律条款列入贷款文件——《贷款协议》之中。

(5)项目实施及监督阶段。这是借款方实施项目和世界银行根据协议对项目的实施进行检查和监督的阶段,也是时间相对比较长的阶段。在此阶段双方还将共同研究和解决项目实施期间出现的有关问题。

(6)项目总结评价阶段。这是项目周期中的最后一个阶段,在项目实施完成后,世界银行和借款方对项目整个实施情况进行全面的总结和评价,为以后"贷款项目"的实施提供经验和教训。

在世界银行贷款项目这一复杂而漫长的周期过程中,世界银行和借款方的项目单位均需要投入大量的人力进行工程建设、资金拨付、招标采购、监督检查等管理活动。在世界银行贷款项目周期内,世界银行和借款方的职责和关系如图 2-2 所示。在项目整个周期的六个阶段中,世界银行参与除项目实施阶段以外其他五个阶段的工作。在项目实施阶段,世界银行每年派两次检查团,对项目的执行情况进行监督检查,与借款方共同研究项目实施过程中存在的问题,并形成相应的备忘录,发往借款国的有关责任方。备忘录中记录的项目实施过程中存在的问题,将作为下一次世界银行检查团检查的重点。正是因为世界银行贷款项目有严格规范的操作程序和周期,才使贷款的投入与项目的建设收到良好的成效,世界银行贷款项目在全世界范围内有很高的成功率。

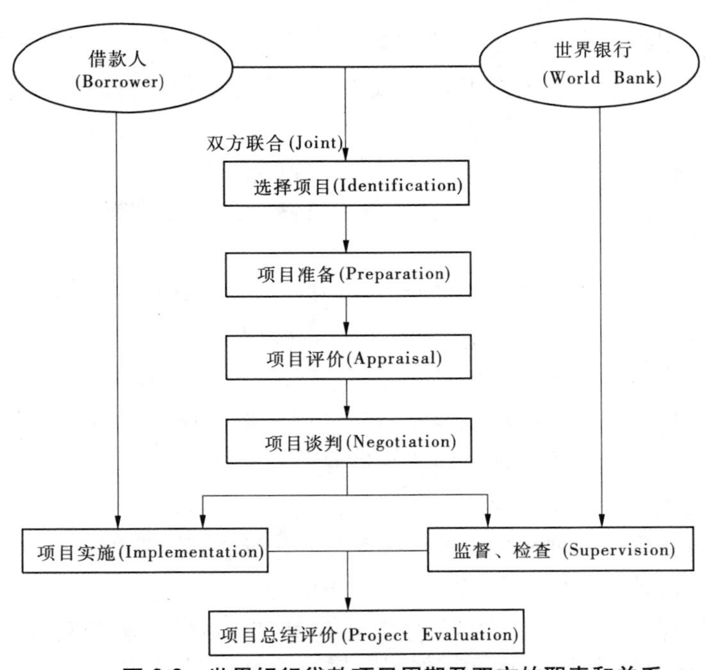

图 2-2　世界银行贷款项目周期及双方的职责和关系

第三节　世界银行贷款项目环境要求

一、世界银行环境政策框架

(一)世界银行的环保政策

世界银行是联合国的金融援助机构之一,它的存在与发展是与世界环保事业的发展同步的。1972 年,美国爆发 2 000 万人为保护生存环境的游行。同年,世界银行设置了环境咨询顾问,关注世界银行贷款项目的环保问题。

1984 年世界银行提出加强环境保护的措施有以下三项。

(1)在项目的立项和准备阶段必须考虑环境问题。

(2)在世界银行项目的评估、谈判和实施阶段,可能因为环境方面的问题而对项目做出调整。

(3)对环境产生严重不利影响的项目,如果没有世界银行可以接受的控制措施,世界银行将不能向其提供贷款。

这三项环境保护政策的实施,对全球环保事业的发展产生了重要作用。1987 年世界银行进行全面改革,增设了中央环境署,专门负责制定环保政策和监督检查环保政策的落实情况。并在区域技术局设立环境处,负责审查世界银行贷款项目环境影响评价及其他环境工作。

(二)世界银行环境政策框架

自 1989 年世界银行发布了业务指南(Operational Directive)OD 4.00 附件 A——环境评价(1991 年修订为 OD 4.01)以来,它已经成为世界银行投资项目的一个标准程序。环境评价在开发规划中的预期作用是预防、尽可能减少、减轻、补偿环境的负面影响,并且从环境的角度改进项目设计。世界银行环境政策旨在避免、缓解或最大限度地降低世界银行资助项目的负面环境影响和社会影响。环境评价通常是与经济影响评价、社会影响评价并列开展的。具体环境政策为:

(1)在项目的立项和准备阶段必须考虑环境问题,可能因环境问题而不能立项。

(2)对所有项目都要进行环境筛选,确定环境影响评价等级。

(3)所有对环境产生重大影响的项目都必须进行全面的环境影响评价。

(4)环境影响评价必须包括减轻或消除不利环境影响的环保措施和落实环保措施的环境管理计划,这些措施和环境管理计划应是世界银行可接受的。

(5)环境评价过程中应开展公众协商和信息公开。

(6)将实施环境管理计划列为项目的组成部分,其费用列入工程成本中。

(7)实施环境管理计划是构成《贷款协议》的条件之一。

(8)项目实施过程中世界银行要定期检查环境管理计划的落实情况,必要时对环境管理计划进行适当调整。

(9)项目完成后对环境管理工作进行总结评价。

二、环境影响评价范围和方法

（一）环境评价的范围

世界银行对其贷款资助的项目有着严格的环境评价要求。按照世界银行业务政策的规定，环境评价的范围应包括自然环境（水、空气和陆地）、人类的健康与安全、社会环境（非自愿移民、土著人或少数民族、文化遗产等）以及跨国界和全球性的环境问题在内的所有相关方面。环境评价是评估一个项目在其影响的领域可能产生的潜在的环境风险和环境影响，并根据项目潜在的环境风险和影响来检验项目方案，改进项目计划，优化项目设计和组织项目实施等。

（二）环境影响评价时间

即使一个项目在其他方面的准备工作已经很充分，如果环境评价工作未满足世界银行的要求，那么贷款谈判是无法进行的，世界银行也就不能提供贷款。所以，项目的环境评价工作应尽可能在项目准备的初期就开始启动，并要与项目的经济、财务、机构、社会及技术分析紧密结合进行。

（三）环境评价的方式

世界银行环境评价政策规定，根据不同的项目情况，可以采取不同的环境评价方式。主要方式包括：环境影响评价、地区或部门环境评价、环境审计、危害或风险评价以及环境管理计划等。一个项目的环境评价可以采用其中一种或多种方式，或采用其中某些内容。我国目前的实际贷款项目中，一般采取的都是环境影响评价这一方式。但是世界银行要求，被列为A类环境评价的项目，除了采用环境影响评价方式外，还要制定一份环境管理计划作为环境评价工作的重要组成部分。另外，如果一个项目很可能具有部门或地区性环境影响，还必须进行专业或区域环境评价。

三、环境影响评价分类

作为项目环境评价工作程序的第一步，世界银行在开始介入一个拟议中的贷款项目之前，首先要对该项目进行环境筛选，以确定该项目环境评价的深度和类型。具体项目的环境筛选与类型确定工作由世界银行项目经理在其环境部门的协助下完成，且在项目准备工作开始前就基本确定。根据项目的类型、位置、环境敏感度和建设规模，以及潜在的环境影响的特性及大小，世界银行将贷款项目划分为以下四类。

（1）A类。如果拟建项目将会产生重大的不良环境影响，并且这些环境影响是敏感、多种或者是前所未有的，同时有可能超出工程的现场或设施范围，则将该项目划分为A类。这类项目主要包括水库和大坝建设，林业产品项目，大规模工厂建设和工业用地（包括大型改扩建项目），大型灌溉、排水和防洪项目，大型水产养殖和海洋养殖业，土地清理与平整，矿产开发（包括石油、天然气），港口建设，土地改造与开发，移民，流域开发，火电与水电开发或扩建，农药或其他有害和（或）有毒物质的生产、运输和使用，公路或农村道路的建设或重大改造等。

A类项目的环境评价要评估项目潜在的消极和积极的环境影响，要比较各种可行的选择方案（包括没有项目时的情况），并且要提出需采取的防止、减少、缓和或者是补偿这些不利影响和改善环境状况的措施。对这类项目,借款人要负责准备一份《环境影响评价报告》,必须制定环境管理和监测计划。

(2)B类。如果拟建项目对人类或重要的环境领域(包括湿地、森林、草地及其他自然环境)潜在的不利影响要比A类项目的不利影响小,则将该项目划分为B类项目。这类项目主要包括小型农产品加工业、输变电项目、小型灌溉与排水工程、灌区改造工程、可再生能源(除水电大坝外)项目、农村电气化、旅游、农村供水与卫生、流域管理或改造项目、受保护区域和生物多样性保护项目、公路或农村道路的改造或维护、小型现有工业设施的改造或修理、节能项目等。

B类项目影响的范围是有限而具体的,很少具有不可逆的,并且在大多数情况下比A类项目更容易制定缓减措施。B类项目的环境影响评价范围可能因项目不同而各不相同,但均要比A类项目的范围窄。B类项目的环境影响评价也要评估项目潜在的消极和积极的环境影响,提出需采取的防止、减少、缓和或者是补偿不利影响和改善环境状况的措施。一般情况下,这类项目要求借款方编制一份环境管理和监测计划,必要时也要求编制环境评价报告,并将环境评价结论和成果在项目文件[1] 中予以描述。

(3)C类。如果拟建项目可能只有极小的不利环境影响或者没有不利环境影响,则将该项目划分为C类项目。这类项目主要包括教育、计划生育、卫生、健康福利、机构发展、人力资源开发项目等。对于C类项目,除了最初的环境筛选外,世界银行不要求进行环境评价。

(4)FI类。通过中间金融机构转贷的世界银行贷款项目,其子项目可能产生不利的环境影响。世界银行规定,这类项目下的子项目的环境影响评价由转贷金融机构负责审查,在向世界银行报批子项目时,要出具该子项目环境影响评价合格的证据。但在世界银行对该金融机构进行评估时,该金融机构在环境影响评价审查方面的能力需要得到世界银行的评估认可,如果世界银行认为其不具备从事环境影响评价审查的能力,则其所选择的所有属于A类环境影响评价标准的子项目甚至B类标准的子项目,包括其《环境影响评价报告》,均要事先经世界银行审查和批准,然后才可向其发放贷款。

四、环境影响评价程序

世界银行的环境评价,在对环境现状调查的基础上,进行环境筛选,再确定项目所属的环境影响评价类别,对于A类和B类的项目,世界银行都要求借款人或项目单位首先编制一份环境评价工作大纲,确定环境评价工作大纲是环境评价工作中的一个重要环节,它不仅涉及到《环境影响评价报告》的编写,同时还涉及到项目有关环保措施的落实问题,实际上它是环境评价报告的一个框架性和基础性文件。依据环境评价大纲再编制环境评价报告,并通过世界银行的审查。环境影响评价程序如图2-3所示。

五、世界银行《环境影响评价报告》主要内容

根据确定的工作大纲,开始进行环境影响评价工作,一般要求在项目准备阶段完成。由于世界银行对环境评价工作非常重视,因此在其派团进行项目的准备过程中,一般也会

---

[1] 项目文件是指世界银行项目评估文件及项目信息文件。

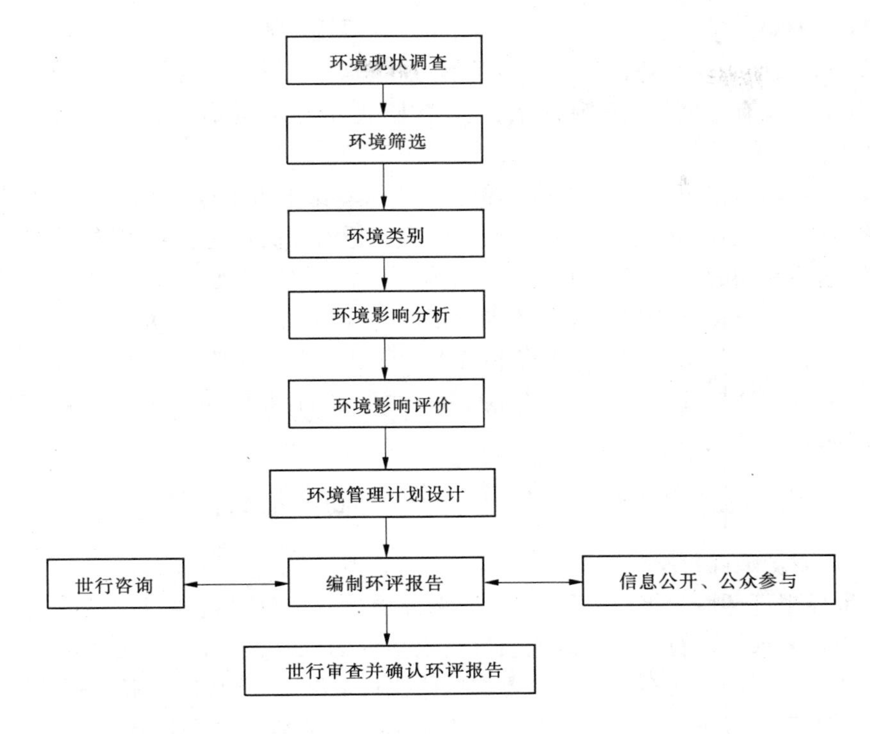

图 2-3　环境影响评价程序

相应地派出环境专家帮助借款人准备环境评价报告，并且反复地提出修改意见。世界银行规定，环境影响评价是项目可行性研究的一部分，但是项目《环境影响评价报告》与项目《可行性研究报告》又是各自独立的两份文件。因此，项目的环境影响评价工作与项目可行性研究工作必须紧密联合，互相交流，互通信息，共同确定和改变重大事项。对重大环境问题的减缓措施和替代方案，必须落实到项目的具体设计中。根据世界银行环境政策要求，环境评价报告的主要内容如下(不一定按下列次序论述)：

(1)摘要。简明扼要地陈述环境评价重要的研究结果和建议。

(2)政策、法规和行政框架。阐明环境影响评价依据的政策、法规和行政管理框架，并说明其他任何共同融资人的环境要求。

(3)项目描述。简明扼要地说明拟建项目的地理、生态、社会情况以及拟建项目的主要建设内容和拟建时间，包括主要辅助设施的建设(例如专用管道、出入口通道、发电厂、供水、住房、原材料和产品仓库等)。并说明必要的移民安置计划或项目影响区原住居民的发展计划。

(4)基本数据。确定评价研究区域的空间范围，并叙述有关自然、生物和社会经济状况，包括任何预期在项目开始之前会发生的变化。也要考虑到项目地区内目前的和拟议的开发活动，尽管这些活动不一定与项目有直接关系。资料和数据应具有用来作为项目各项决策(如项目的选址、设计、营运或减缓措施等)的依据。并应说明资料和数据的精确性、可靠性和来源。

(5)环境影响。尽可能用定量方法预测和评价项目可能产生的正面和负面影响,确定缓解负面影响的措施以及遗留的不能缓解的负面影响。分析和探讨加强环境管理的可能性,确定并估计现有数据的数量和质量、主要数据缺口、预测的不确定性,并说明不需要进一步关注的问题。

(6)替代方案的分析。对拟议项目的选址、技术、设计和运行的各种可行的替代方案进行系统地比较,包括"无项目"方案。比较内容包括潜在的环境影响、减轻这些影响的可能性、减轻这些影响的造价、在当地条件下的适应性以及对机构、培训和监测的要求。对每一种替代方案,应尽可能将环境的影响量化,并在适当之处加入经济价值。陈述选择某一项目设计的依据,并说明所提的排放标准及预防和减轻污染措施的理由。

(7)环境管理计划(EMP)。包括预防、减缓负面影响,监测和管理机构建设措施。

(8)附录。

六、《环境影响评价报告》的审查与公众协商及信息公开

(一)《环境影响评价报告》的审查

符合世界银行环境政策要求的《环境影响评价报告》完成后,要经过借款人政府的批准。世界银行要求在执行董事会讨论项目贷款会议的120天之前,将贷款国政府批准的《环境影响评价报告》英文本及英文摘要本送达执行董事会,交其进行审查并确认之后,世界银行才对项目进行正式评估。这是一项非常明确的要求,不可更改[1]。

(二)公众协商

在环境评价过程中,借款人应就项目所涉及的环境诸方面问题与受影响的群体和非政府组织尽早地进行协商,并考虑他们的意见。对A类项目至少需协商两次:第一次协商是在环境筛选后不久,环境影响评价工作大纲最终确定之前;第二次协商是在环境评价报告的草稿完成后。另外,借款人有必要在项目的整个实施过程中,就影响这些群体的环境问题与他们进行商议。

(三)信息公开

环境影响评价过程和结果的有关信息应该公之于众,以供社会公众、受影响的团体和非政府组织了解环境影响问题,发挥他们的监督作用。首先,借款人应在初次协商时提供一份概要材料,包括拟议项目的目标、内容和潜在影响,向受影响的群体和当地非政府组织进行公开;其次,在《环境影响评价报告》完成后,借款人还应将《环境影响评价报告》公之于众,让受影响的群体和当地非政府组织能够了解《环境影响评价报告》的内容;第三,世界银行一旦收到《环境影响评价报告》,将通过其信息中心(Infoshop)向公众提供其电子文档。经过借款人政府批准的《环境影响评价报告》在送交世界银行并得到认可后,除了必须以世界银行认可的方式在当地予以公开散发外,还必须在世界银行成员国之间散发,并在世界银行的公共信息中心公开,以供社会公众及团体索取和参考,便于使受影响的团体、相关利益集团以及有关的非政府组织能够了解项目环境影响方面的信息,发挥其

[1] 参见:世界银行贷款方法案例二,http://www.chnbs.com/web/article/read2.asp。

监督作用。

七、项目周期内的环境管理阶段

项目环境管理贯穿于项目建设的整个周期，环境影响评价是项目环境管理工作的开始。项目选择至项目评估阶段，环境管理的重点是环境影响评价和项目环境管理计划设计；项目谈判阶段，环境管理的重点是把环境评价结论和缓解环境影响措施及其计划纳入项目《贷款协议》，以法律条文的形式约束双方的环境行为；项目实施和总结评价阶段，环境管理的重点是执行《贷款协议》中的环境条件，实施和监督环境管理计划的执行情况，总结环境管理的经验和教训，为选择新项目提供借鉴。项目周期内的环境管理过程如图 2-4 所示。

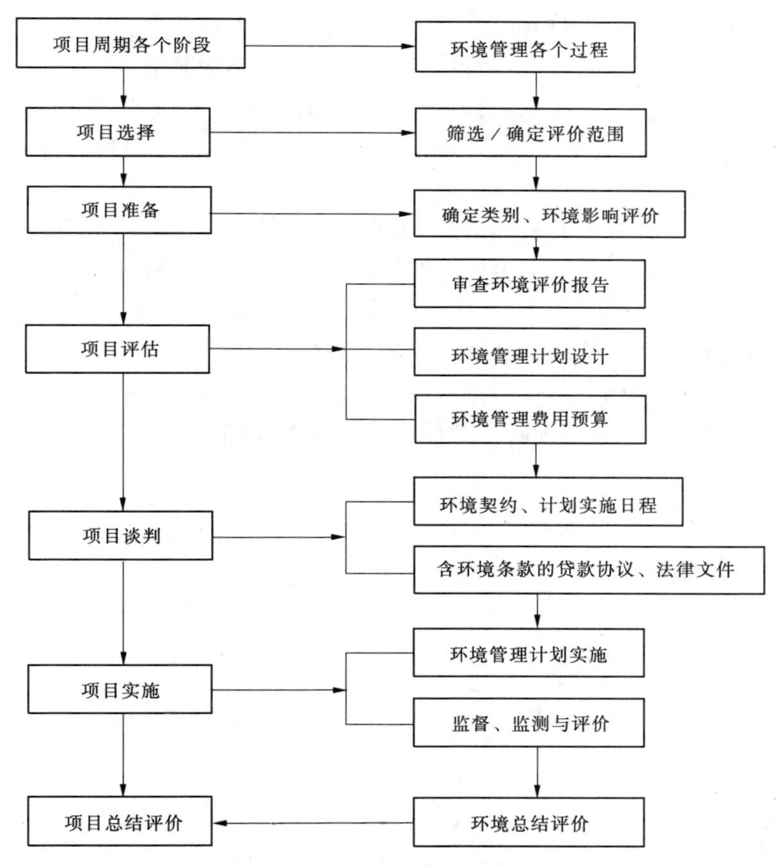

图 2-4　项目周期内的环境管理过程

八、世界银行《贷款协议》环境要求

所有项目环境评价的结论和建议，以及环境保护措施、环境管理计划都被列入世界银行与借款人签订的法律文件——《贷款协议》中，将作为项目实施的依据。

(一)世界银行关中灌区改造项目正式《评估文件》(1999 年 4 月 22 日)相关结论

“由于预计本项目实施不会产生大的负面环境影响,本项目环境影响评价类别确定为 B 类。项目几乎完全是由对现有灌溉设施进行改造的子项目组成(大坝、渠道、排水系统、道路、建筑物、泵站及相关工程)。在项目区河道和渠道中有些水属于严重污染的水,而这些水需要用来灌溉农田,特别是在交口抽渭灌区和宝鸡峡灌区。不过,水污染问题不会因为本项目的实施变得更严重。事实上,水管理的改善将产生正面的效果。陕西省政府正在采取措施强化污染控制法规的实施力度,因此污染状况有望在将来得到改善。”

“已经进行了本项目的环境影响评价,对项目可能产生的负面环境影响给予了令人满意的关注。特别关注了林家村和洛惠渠引水坝加高产生的负面环境影响。《环境影响评价报告》中包括一份环境管理与监测计划,该计划详细说明了环境负面影响减缓措施、监测要求及相关的费用。项目将根据该环境管理与监测计划要求实施。”

(二)世界银行在关中灌区改造项目《项目协定》中的环境要求

“陕西宣布对本项目目标的承诺,为此,将以应有的努力和效率,按照合适的行政、财务、工程、环境和农业实践要求实施本项目,并及时提供或促使及时提供实施项目需要的资金、设施、服务和其他资源。”

“陕西应采取并促使采取必要的措施,保证本项目按照项目环境管理与监测计划要求实施,保证将任何对环境管理与监测计划的修改及时通报世界银行以征得批准。”

“陕西应保持适当的政策和程序,使其能够按照世界银行可接受的指标对上述(环境管理与监测)计划的实施情况进行动态的监测和评价。”

“从 2000 年开始,陕西应当按照世界银行可接受的格式和内容要求,每年编制一份总结环境管理与监测计划执行情况的年度环境监测报告,该报告于每年 3 月 31 日前上报世界银行进行审查。”

第三章　灌区及关中灌区改造项目

灌区是由水源形成的一个渠系灌溉网络。关中灌区是陕西省农业发展的重点区域和粮食安全的重要基地,其改造工程属世界银行贷款项目,也是陕西省“九五”重点工程之一,该项目的顺利实施,对促进区域经济乃至陕西经济的发展具有重要作用。

第一节　灌　区

一、灌区的概念

所谓灌区是指凭借一定的水利灌溉工程设施,全部或部分地提供农作物生长所需水分的区域和系统。一般意义上,一个灌区是由一个水源形成的渠系灌溉网络。因此,灌区并不是由一条单一的水渠形成的区域,而是由一个水源、若干规模较大的干渠、干渠上分开的支渠和支渠以下纵横交错的分渠和斗渠构成的。

灌区系统就是由水源和这些逐次划分的不同层级的渠道构成的系统或体系,为了较好地实现灌区的灌溉管理,需要建立相应的灌溉管理机构和由这些机构组成的社会管理体系或系统,即灌溉或灌区管理系统。

一个完整的灌区系统,一般由三个最基本的子系统构成:其一是取水系统(即水源),其二是输水系统(即渠系),其三是用水系统(用水体系)。

(1)取水系统。取水系统是指从江河或其他水源取得灌区所需水量的各项工程设施的有机结合体。根据取水方式的不同,一般可将它分为两种基本类型:一种是借助于水的重力,直接将水从水源引入灌区,通常称为重力取水系统或自流取水系统,与其相对应的灌区称为自流灌区;另一种是借助一定的动力,将水提到一定的高度,然后再输入渠系,通常称为提水系统,与之相对应的灌区称为提水灌区又叫抽水灌区。

(2)输水系统。输水系统是指将水从取水系统输送到用水系统的各项工程设施的有机组合体,主要包括各种类型和级别的渠道(一般分为干渠、支渠、分渠、斗渠、农渠和毛渠五级)、配套的建筑物(如分水闸、节制闸、跌水、陡坡、退水闸、渡槽、倒虹吸等)。它是灌区的重要组成部分,甚至可以说是灌区工程的主体。输水系统的功能是把水源地的水,按照需要从水源地运往目的地。

(3)用水系统。用水系统是指农田灌溉以及灌区范围内的其他用水单元。渠系和水源所能扩展或覆盖农田的面积就是灌溉面积,灌溉面积是灌区最终的目标和作用所在。有些水利工程,除了提供农业灌溉用水之外,还兼有提供工业和生活用水的职责,这时就需要人们把工业和生活用水也列入灌区用水系统的范围,因此在做灌区用水计划时要统筹考虑。

以上各系统作为灌区的结构要素,有机地构成了一个完整的灌区系统。同其他系统一样，灌区系统也有自己的环境，这些环境主要包括自然环境、社会环境两大类，其中自然环境又包括气候环境和地理环境，而社会环境主要包括产业经济环境和社会管理环境。

二、灌区系统的功能

由于水资源在时间、空间上分布的不均衡性和农业生产对水资源需求的时段性，致使人们在自然降水无法满足农作物生长需求，进而无法满足人类对基本食物需求的情况下，通过人工方法修筑引水工程，建立体系化的灌区系统，通过灌溉的方式，适时地对农作物补充水分。同时，建立的灌区系统也可以发挥拦蓄、排泄洪水的作用，从而减少过分集中的降水，尤其是强降水对农业和国民经济的危害。灌区系统的功能主要表现在以下几个方面。

(一)满足农业和国民经济发展对水资源的需求

农业是国民经济的基础，而水利则是农业的命脉。这一论断充分说明，灌区系统对以农业为基础的国民经济的重要性。即使在发达国家，农业生产对自然气候条件的依赖也是非常强烈的，而对于广大农民尚处于以自给自足为主要特征的我国社会，农业对于人工水利和灌溉条件的依赖更是十分严重，以至于许多尚未初步建立起灌区系统的地区，靠天吃饭仍然是农民的基本生存方式。灌溉条件就成为衡量一个地区农业发展水平和条件的重要指标。

水利灌溉是灌区系统最重要的功能，这种功能确保具有季节性特征的农业生产在需要水分时，可以经由渠系将水资源不断地输送到农田，从而保证即使在气候十分严酷的条件下，人们也有基本的生存条件和农业收成，同时也由于灌溉浸润，保证了其他生命的基本生存。尽管水利系统主要是人们为了自己的生存而建立起来的人工系统，但这种系统对其他生命系统的间接作用，同样是灌区系统的重要功能。

(二)集雨、蓄水功能

集雨、蓄水功能是灌区系统中库坝型水源最重要的功能之一。所谓集雨就是把降水集中起来，以供不时之需。而蓄水便是把暂时不用的水资源储存起来，避免由于水的流动性而沿着山溪、江河流失，从而确保流域上游有充足的水源。对于江河型水源，因为有较为充足的水源供应，人们直接可以借助引水设施(抽水站、倒虹吸等)将江河水直接经由渠系引到农田。但是对大部分农田尤其是高原和丘陵地区，只好借助人工库坝，把某一流域的自然降水或者小量的地表水集中蓄存起来加以利用。所以，灌区系统中的库坝型水源的集雨、蓄水功能，就成为灌区系统重要的连带功能之一，而且这种功能恰恰是灌区主要功能——灌溉功能的基础。

(三)拦洪、排洪功能

正如我国古人对水的理解一样，水资源为包括人在内的所有生物所必需的资源，但任何生物对于水的需求却不是无止境的。水善利万物，水亦可摧毁一切。大范围的强降水造成的洪水正是水患重要的表现形式之一。因此，灌区系统在洪水暴发时，便可以发挥拦洪和泄洪的作用。虽然拦洪、泄洪功能并不是灌区系统的主要功能，但却是很重要的派生功能，而且许多库坝水源的建筑设计，本身就有对灌区系统拦洪和蓄洪能力的考虑。

灌区系统是经济社会重要的基础设施，灌区建设当然也是一个社会尤其是农业社会重要的基础设施建设。灌区的基础性是由它对农业和国民经济的重要作用，也就是它的综合社会功能所决定的。我们说灌区系统的功能主要包括以上三个方面，但这些功能只是其直接功能，对各行业、各领域所构成的高度复杂和整合的社会来说，还有一系列间接和辅助的功能。这些功能虽然不是灌区的直接功能，却也是水利设施的功能。从这个意义上讲，灌区不过是农业水利灌溉区域，而水利系统，还具有满足工业和城市居民生活用水的功能，满足生态恢复、建设和城市绿化用水的功能，以及农村人畜饮水的功能等。

三、我国灌溉事业发展概况

我国是个农业大国，农业既是国家稳定的基础，又是社会经济发展的先决条件。然而，我国人口、耕地、气候和水资源等自然条件，决定了水利是农业的命脉，农业必须走灌溉农业的发展道路。在不少地区，可以说没有灌溉就没有农业。灌溉在农业生产中有着特别重要的地位和作用，有了可靠的灌排设施，粮食产量就会成倍地增长。因此，历朝历代都把发展农田灌溉事业作为安邦兴国的重要举措。新中国成立以来，党和政府十分重视灌溉事业的发展。从 1949 年到 2002 年，全国灌溉面积由 0.16 亿 hm^2 增加到 0.61 亿 hm^2，农田灌溉用水量从不足 1 000 亿 m^3 增加到 3 580 亿 m^3。每年灌溉面积上生产的粮食占全国总量的 3/4，生产的经济作物占 90% 以上。在人口密度是世界平均的 3 倍、人均耕地是世界人均耕地 30% 的情况下，我国的人均灌溉面积与世界人均灌溉面积规模持平，而灌溉面积占耕地面积的比例是世界平均水平的 3 倍，使我国成为世界上主要的灌溉大国之一。灌溉事业取得的巨大成就，使我国能够以占世界 6% 的可更新水资源量、9% 的耕地，解决了占世界 22% 人口的温饱问题，为保障我国农业生产、粮食安全以及经济社会的稳定发展创造了条件。灌溉事业的发展既为种植业的发展奠定了坚实的基础，也为农村畜牧业、养殖业、乡镇企业的发展以及植树造林、农村人畜饮水、城镇用水提供了水源❶。

四、灌区在国民经济发展中的地位和作用

如上所述，我国的灌溉面积已从新中国成立初期的 0.16 亿 hm^2 发展到 0.61 亿 hm^2。至 2002 年底，全国已建成大型灌区 402 处，中型灌区 5 200 多处，小型灌区 1 000 多万处。其中，由国家管理的 2 万 hm^2 以上的大型灌区灌溉面积为 0.19 亿 hm^2，占全国总灌溉面积的 1/4 左右，粮食产量占全国总产量的 1/5，农业生产总值占全国农业生产总值的 1/3。由此可见，灌区是我国农业灌溉的骨干及重要的商品粮、棉、油基地，在农业和农村经济发展中及改善生态环境等方面有着十分重要的地位和作用❷。

（一）灌区是我国农村经济的重要组成部分

灌区的基础设施比较完善，有可靠的水资源，使得农业结构随着市场经济发展能够作出相应的调整，综合生产能力较高，对农村经济的快速增长起着支撑作用。1998 年，大型

❶ 参见：http://www.mwr.gov.cn/bzzss/20040330/31387.asp，翟耀辉，加大灌区改造力度，保障国家粮食安全。
❷ 水利部，粮食主产区 155 个大型灌区节水改造建设方案，2004 年 8 月。

灌区范围内总人口为2.44亿，占全国总人口的19.5%，总耕地面积占全国总耕地面积的19.0%，农业生产总值4 699亿元，占全国农业生产总值的33%。大型灌区较为完善的基础设施，十分有利于促进大型灌区所在地区的供水、交通和农、林、牧、渔、农村工业、小城镇和农村集镇等农村经济的发展。大型灌区抗御自然灾害的能力较强，旱涝保收面积的比例较高，农业生产比较稳定，对当地经济社会的发展起到了很好的促进作用。因此，大型灌区不仅在农业经济发展中发挥着基础设施的作用，还带动了与农业相关的其他产业的发展，灌区也是我国农村经济的重要组成部分❶。

（二）灌区是我国粮食安全的重要保障

全国402处大型灌区粮食产量占全国粮食总产量的25%，大型灌区粮食单产为8 055 kg/hm^2，高于全国平均水平。根据预测，2015年全国大型灌区的粮食总产量将可达到1 613亿kg以上，占全国粮食总需求量的28%。因此，大型灌区作为我国商品粮生产基地，在维持粮食安全方面具有重要意义，是我国粮食安全的重要保障。

（三）灌区是城乡经济发展的命脉

我国大型灌区主要分布在经济发达地区，这些灌区不仅担负着农田灌溉和农村供水任务，而且还担负着每年向城镇生活供水50亿m^3的任务，占全国城镇用水的1/7。许多大型灌区为了城镇发展，特别是农村城镇化发展，不断挖掘供水潜力，增加非灌溉用水比重。随着城乡经济的发展，非灌溉用水将进一步增加。

我国大型灌区都具有较为完善的水源系统，跨地区跨流域的输水、配水系统（渠系）和调节系统，构成了灌区所在地区和流域的水资源合理配置的基本格局。大型灌区供水量达1 725亿m^3，占全国总供水量的31.7%。大型灌区向工业及城市供水量达222亿m^3，占全国工业及城市总供水量的11.4%，受益人口达2亿多。由此可见，大型灌区在我国水资源的区域和流域配置中发挥着极其重要的作用，随着社会经济的进一步发展，这种作用将越来越重要❷。

（四）灌区是生态环境保护的主要依托

灌区自身构成了良好的人工生态体系，除了在干旱、荒漠地区起到改善生态环境、涵养水源、净化空气、抑制水土流失、减轻风沙威胁等作用外，不少大型灌区还发挥着防洪减灾、区域水资源调配等作用，每年承担着向生态环境恶化地区的调水任务，如新疆塔里木河上游灌区向下游输送生态用水、黑龙江江东灌区向扎龙湿地补水、桂林青狮潭灌区向漓江供水等。

（五）灌区是提高我国农业国际竞争力的重要基础

全国30%以上的高效经济作物产于大型灌区，出口创汇、定单农业更多地依赖于大型灌区。特别是大型灌区良好的基础设施和规模效应，对发展集约化、规模化、信息化的现代农业提供了良好的支撑条件，是我国农业参与国际竞争的重要基地。

---

❶ 全国大型灌区续建配套与节水改造规划简介，http://www.giwp.org.cn/zlgh/list.jsp。
❷ 参见：http://www.mwr.gov.cn/bzzss/20040330/31387.asp，翟耀辉，加大灌区改造力度，保障国家粮食安全。

第二节　陕西省关中灌区概况

一、地理位置

陕西省关中灌区❶ 位于陕西省中部，渭河水系的中下游，涉及渭南、西安、咸阳、铜川及宝鸡等五个地市，灌区总面积 59.234 万 hm^2。关中灌区南依秦岭山地，北与子午岭、黄龙山及陕北黄土高塬沟壑区相连，西起宝鸡，东至潼关。东西长约 360 km，西窄东宽，西边最窄处仅 20～30 km，东边最宽处约 180 km。渭河干流自西而东横贯关中灌区，东入黄河。

关中灌区除石头河灌区位于渭河以南外，其余灌区均分布于渭河以北。冯家山灌区、宝鸡峡灌区、泾惠渠灌区、交口抽渭灌区和洛惠渠灌区自西向东成“一”字形排列，首尾相连。冯家山灌区位于最西端，西邻陇山山地。羊毛湾灌区位于宝鸡峡灌区的西北部，并与其相连。桃曲坡灌区位于耀县境内的石川河中游川区。石堡川灌区地处白水县、澄城县境内的洛河与大峪河之间的黄土高塬沟壑区，是关中灌区纬度最高的灌区。

二、地形地貌

关中灌区中石头河灌区属渭河以南的一、二级阶地及黄土台塬地貌类型，且以地势平坦的渭河阶地为主。冯家山灌区地貌以渭北黄土台塬为主，海拔高程 600～700 m。石堡川灌区为渭北黄土高塬沟壑区，海拔高程在 650～900 m 之间。泾惠渠灌区、交口抽渭灌区、洛惠渠灌区为渭河平原区，海拔高程 450 m 左右。宝鸡峡灌区、羊毛湾灌区属渭河平原区，海拔高程在 400～600 m 之间。除石头河灌区地势为南高北低外，其他灌区地势均为北高南低，西高东低。

三、农业气候

关中灌区属大陆性季风气候区，属暖温带半干旱半湿润灌溉农业区，具有明显的春暖多风、夏热干燥、秋凉湿润、冬寒少雨的气候特点。在地形、地理位置和季风环流的综合作用下，该区气候要素有明显的南北向、东西向和垂直向变化规律。年平均降水量为 600 mm，从东向西由 500 mm 增加到 700 mm，年降水时空分布不匀，7、8 月降水量占全年的 35%～50%，且多由几次暴雨所致。

关中灌区年日照时数由西向东逐渐增加，最少为 1 900 小时，最多为 2 400 小时，四季分配为夏季最多、冬季最少、春季大于秋季。年蒸发量高达 1 400～2 000 mm，且有夏季最大、冬季最小、春季大于秋季的特点。无霜期 200～220 天，早霜发生在 10 月下旬，晚霜发生在 4 月上旬。关中地区虽然气候资源丰富，适宜生长谷类农作物，但各种灾害性天气也会对农作物和人民生命财产造成一定威胁。受西北寒流影响，冬春季气候寒冷干燥，对越冬作物不利；受副热带高压和西藏高压控制，每年夏季总有一段高温少雨的干旱天气，

---

❶ 本书所述陕西省关中灌区（简称关中灌区），特指陕西省宝鸡峡、泾惠渠、交口抽渭、桃曲坡、石头河、冯家山、羊毛湾、洛惠渠和石堡川等九个大型灌区（详见《陕西省关中九大灌区分布图》）。

俗称“伏旱”，使土壤水分大量散失，对夏田作物的生长影响很大。另外，风灾、雹灾、局部性高强度暴雨及霜冻等灾害性天气也时有发生，造成局部损失。

四、土壤及农作物分布

（一）土壤分布

关中灌区土壤的主要成土母质为典型的石灰性黄土母质，小部分地区为河流冲积物。主要土壤类型为楼土土壤，分布在关中盆地和渭北塬区；其次还有少量的黏黑垆土，主要分布在桃曲坡灌区的铜川市、耀县北部以及石堡川灌区的合阳县北部地区；在一些坡耕地或人为取过土的地方零星分布有黄墡土，在河滩地分布有潮土，另外，地势低洼处分布着数量不少的盐土（主要分布在交口抽渭灌区的渭南和洛惠渠灌区的蒲城县和大荔县，少量分布在泾惠渠灌区的三原、高陵县）等。

（二）农作物分布

关中灌区地处暖温带气候区，适宜多种农作物生长，主要粮食作物有小麦、玉米、豆类，经济作物有棉花、油料、水果和蔬菜等。果树种植面积主要分布于宝鸡峡、洛惠渠、羊毛湾、石堡川、桃曲坡等灌区。

五、社会经济

关中地区总人口685.60万，其中农业人口554.81万，设施灌溉面积59.23万hm^2，有效灌溉面积52.39万hm^2。灌区灌溉面积约占全省耕地面积的15%，粮食年产量占全省的1/3，提供商品粮约占全省的一半。其他种植业、养殖业和农产品加工业居全省之冠，为全省提供丰富的油、菜、肉、蛋、奶等副食品。关中灌区已成为陕西省的粮食及农副产品生产基地，为陕西的经济发展和社会进步发挥着极其重要的作用。

六、灌溉工程概况

关中灌区中的泾惠渠、洛惠渠和渭惠渠（宝鸡峡灌区的塬下灌区）三灌区始建于20世纪30年代，是我国近代水利的开端。新中国成立前关中地区可灌溉农田共约12万hm^2，但是因技术条件、经济条件及政治条件所限，有的工程半途而废，有的工程无法发挥灌溉效益。新中国成立后，国家组织进行了大规模的农田水利灌溉工程建设，关中地区相继建成了宝鸡峡（塬上）、桃曲坡、石头河、石堡川、交口抽渭、羊毛湾等新灌区，并对泾惠渠、洛惠渠灌区进行了改造和配套，目前灌区的工程概况见表3-1。

表3-1　关中灌区工程基本情况

灌区名称	宝鸡峡	泾惠渠	交口抽渭	桃曲坡	石头河	冯家山	羊毛湾	洛惠渠	石堡川
管理权属	省	省	省	省	省	市	市	市	市
开灌时间(年)	1937	1932	1963	1980	1981	1974	1978	1950	1975
取水水源	渭河	泾河	渭河	沮河	石头河	千河	漆水河	北洛河	石川河
取水方式	自流	自流	抽水	水库	水库	水库	水库	自流	水库

续表 3-1

灌区名称	宝鸡峡	泾惠渠	交口抽渭	桃曲坡	石头河	冯家山	羊毛湾	洛惠渠	石堡川
年平均来水量(亿 m^3)	23.79	18.70	63.64	0.67	4.43	4.23	0.73	8.73	0.67
枢纽坝型	混凝土坝	混凝土坝	无坝	土坝	土石坝	土坝	土坝	砌石溢流坝	土坝
渠首引水能力(m^3/s)	50	46	37	21	70	42.5	10	25	11.5
设施灌溉面积(万 hm^2)	19.48	8.94	7.98	2.12	2.47	9.09	2.13	5.06	2.07
有效灌溉面积(万 hm^2)	18.83	8.40	7.53	1.57	1.46	6.76	1.60	4.95	1.30
其中抽灌面积(万 hm^2)	6.14	0.97	7.53	0.08	0.05	2.93	0.40	0.53	0.01
其中井灌面积(万 hm^2)	6.14	7.40	1.27	0.25	0.19	0.65	0.43	0.53	0.00
旱涝保收面积(万 hm^2)	13.76	7.40	5.02	1.13	1.40	4.00	0.79	2.56	0.87
水库(座)	4	—	—	—	—	6	4	—	—
库容(亿 m^3)	2.29	—	—	—	—	0.213	0.23	—	—
抽水站(座)	97	19	123	3	24	164	751	11	13
干支渠(条)	77	25	37	22	17	101	23	18	9
干支渠长度(km)	1 109	370	343	230	112.6	690	246	236	235
衬砌长度(km)	631.15	143	193	68.6	101.4	687	96.21	142.9	199.6
排水干支沟(条)	29	85	58	—	—	—	—	32	—
干支沟长度(km)	189.2	495.0	407.33	—	—	—	—	202.4	—

注:表中数字为 1998 年资料。

第三节　关中灌区存在的主要问题

关中灌区是陕西省农业最发达的地区之一,也是陕西省重要的粮、棉、油、肉、蛋、奶、蔬菜、瓜果等农副产品和工业原料的生产基地,对陕西的经济发展和社会稳定有着举足轻重的作用。长期以来,关中九大灌区的水利设施在防御旱、涝灾害,促进区域农业增产方面发挥了重要作用,取得了显著的经济效益和社会效益。但是,关中灌区在发挥效益的同时,也存在着工程老化失修、灌溉水源不足、管理体制不适应市场经济和农村改革发展的需要等方面的问题,严重制约了关中地区乃至陕西省社会经济的稳定发展。

一、工程老化损坏严重

关中九大灌区始建于 20 世纪 30～70 年代,灌区运行已有 25～70 多年。由于运行时间长,且灌区规模不断扩大,工程逐步老化,致使灌溉效益下降。据统计,20 世纪 90 年代中期,灌区工程的完好率为 60%～70%,1990～1991 年全国进行的大型灌区老化损坏调查评价结果认为,关中九大灌区的宝鸡峡、泾惠渠、交口抽渭、洛惠渠等灌区为一级老化损坏灌区。灌区工程老化失修主要表现在以下几方面。

(一)渠首工程隐患多

(1)洛惠渠渠首大坝:始建于1934年,为重力式浆砌石拱型坝,原设计防洪标准偏低,90%的坝面因冲蚀气蚀,形成10~15 cm沟槽,坝身裂缝多达27条,渗水不断,严重影响了大坝的安全运行。

(2)宝鸡峡魏家堡渠首:大坝建成于1936年,原设计标准偏低,其上、下游护岸破坏严重,大坝安全受到严重威胁;宝鸡峡林家村渠首,因引水隧洞出口水流流态紊乱,沉沙槽南大墙部分墙基不稳,自1970年工程运行以来,洞口及沉沙槽曾出现过五次大的病险事故,仍带病运行。

(3)交口抽渭渠首枢纽:属无坝引水枢纽,建在游荡性沙质河道上,经过30多年运行,原有治理河道的设施大量被破坏,加之受三门峡库区影响,河道主流不断冲刷渠首闸前河床,直接威胁抽水站的安全。

(4)羊毛湾水库枢纽:建成于1970年,水库大坝右端坝肩渗水严重,危及大坝安全。

(5)桃曲坡水库枢纽:水库位于石灰岩区,自建成后就多次进行水库补漏,一直不能高水位运行,水库每年少蓄水1 000多万 m^3。

(6)石堡川、冯家山、石头河等水库枢纽:水库竣工验收时遗留的绕坝渗流问题一直未能彻底解决,观测系统瘫痪,基础管理设施不健全。

(二)渠道和渠系建筑物普遍老化失修

(1)灌溉渠道:关中灌区地形地质条件复杂,渠道隐患多。衬砌渠道因冻胀、老化等原因,致使渠道隆起、鼓肚,以致裂缝、衬砌脱落,破损严重,丧失防渗效果。渠道边坡滑塌、沉陷、裂缝、渗水,渠堤决口时有发生,造成严重后果。据统计,1999年九大灌区干、支渠总长3 580 km,其中衬砌长度为2 203 km,平均衬砌率为61%,但衬砌完好率仅占渠道衬砌长度的31.5%,约有1/3的渠段引水能力不足。

(2)排水沟道:排水工程设计标准偏低,排水断面偏小;部分排水系统缺乏统一规划,沟系布置不合理;许多建筑物老化损坏,过水断面不足,排水沟渠塌陷淤积,使其作用无法发挥。在丰水年份,个别灌区的地下水位升高,甚至出现明水,土壤盐碱化和次生盐渍化面积有所增加,灌区的生态环境进一步恶化。

(三)泵站工程老化严重

渭河水系多为多沙性河流,抽取浑水灌溉,使水泵产生磨损气蚀,降低了水泵性能,增加了水泵能耗,使其出水量减少。特别是宝鸡峡、交口抽渭两大灌区抽水站已运行30~40年以上,大部分抽水机泵设施已超过使用年限,机电设备老化,水泵锈蚀,管道漏水漏气,运行效率下降,出水流量减少到设计标准的40%,严重影响了农田的适时灌溉。

(四)田间工程配套差

灌区田间工程配套是否完善,主要取决于建设资金的来源和资金量的大小。田间工程不像灌区骨干工程那样,被国务院《水利产业政策》列为甲类工程,属于以社会效益为主、公益性较强的项目。因此,建设资金不是由国家或地方政府投资[1],而主要是由农民群众自筹解决并负责建设和管理。由于建设资金缺口大,致使工程建设标准低、设施配套

[1] 甲类工程属于以社会效益为主、公益性较强的项目,建设资金"主要从中央和地方预算内资金、水利建设基金及其他可用于水利建设的财政性资金中安排"。参见:国务院关于印发《水利产业政策》的通知(国发[1997]35号)。

不到位。

二、灌溉水源不足

关中灌区地形地貌复杂，自北向南为渭北黄土台塬、渭河冲积平原和秦岭山前洪积扇三种地貌单元。属于大陆性半湿润气候向半干旱气候的过渡地带，光热资源丰富，日照时间长，多年平均积温大，热量和积温基本满足作物需求。但是，灌区的可用水资源短缺，制约着灌区农业经济的发展。关中灌区水资源有以下特点。

（一）年降雨量季节分配不匀，且蒸发量大

关中灌区降雨量主要集中在每年的6～9月，其降雨量占全年降雨量的70%～80%，且蒸发量较大，具有代表性的宝鸡、泾阳、大荔三个雨量站的降雨量皆小于蒸发量，差值为110～750 mm。宝鸡雨量站除7～10月降雨量大于月蒸发量，泾阳雨量站9月降雨量大于月蒸发量外，其余月份的降雨量均小于蒸发量，大荔雨量站全年月降雨量皆小于月蒸发量，详见表3-2。

表3-2　关中地区降雨量与蒸发量比较　（单位：mm）

月份	宝鸡			泾阳			大荔		
	降雨量	蒸发量	差值	降雨量	蒸发量	差值	降雨量	蒸发量	差值
1	6.6	22.6	-16.0	5.9	30.8	-24.9	5.8	45.5	-39.7
2	11.2	31.7	-20.5	10.0	40.1	-30.1	8.9	55.5	-46.6
3	26.9	58.5	-31.6	19.9	82.2	-62.3	19.5	79.8	-60.3
4	55.2	80.4	-25.2	41.0	116.0	-75.0	36.9	128.7	-91.8
5	67.0	107.5	-40.5	47.0	147.8	-100.8	46.7	158.8	-112.1
6	74.2	141.8	-67.6	50.6	198.7	-148.1	45.5	214.6	-169.1
7	134.3	127.7	6.6	96.3	173.6	-77.3	90.4	170.3	-79.9
8	118.2	111.2	7.0	108.8	161.5	-52.7	94.5	147.7	-53.2
9	143.5	61.3	82.2	97.5	91.5	6.0	81.5	103.3	-21.8
10	63.5	49.9	13.6	46.6	73.7	-27.1	43.3	76.9	-33.6
11	27.6	29.8	-2.2	22.0	44.4	-22.4	25.5	45.5	-20.0
12	5.4	22.6	-17.2	5.9	31.2	-25.3	6.0	34.3	-28.3
合计	733.6	845.0	-111.4	551.5	1 191.5	-640.0	504.5	1 260.9	-756.4

注：蒸发量采用E601观测值。

（二）河源径流量年内分配不均，年际变化大

关中灌区的主要取水河流为泾河、洛河和渭河。渭河在宝鸡峡林家村断面多年平均径流量为23.79亿m^3，在交口断面多年平均径流量为87.78亿m^3；泾河张家山断面多年平均径流量为19.07亿m^3；北洛河洑头断面多年平均径流量为9.05亿m^3。泾河、洛河、渭河的最大年径流量分别为44.25亿m^3、19.67亿m^3和204亿m^3，最小年径流量分别为9.98亿m^3、4.25亿m^3和49.93亿m^3。变异系数C_V为0.36～0.38，极值比为4.08～4.63。每年6～10月的径流量占到年径流量的50%～70%，又错后于作物生长期最需要水的季节，加之河流为多泥沙河流，具有“水大沙大”的特点，使农作物需水高峰期难以引用。灌区水资源情况详见表3-3。

表 3-3 灌区水资源情况统计 （单位：亿 m^3）

灌区名称	地表水资源				
	河流断面	多年平均实测径流量	天然径流量		
			均值	50%	75%
宝鸡峡灌区	渭河林家村	23.79	25.28	24.21	18.68
	渭河魏家堡	34.60			
泾惠渠灌区	泾河张家山	18.70	19.07	17.89	14.80
交口抽渭灌区	渭河	63.64	87.78	84.09	65.66
桃曲坡灌区	沮河	0.67	0.67	0.53	0.32
	漆水河	0.36			
	马栏河	0.55			
石头河灌区	石头河	4.43	4.43	4.22	3.33
冯家山灌区	千河冯家山	4.23	4.23	3.90	2.51
羊毛湾灌区	漆水河羊毛湾	0.73	0.73	0.72	0.41
洛惠渠灌区	洛河洑头	8.73	9.04	8.81	7.25
石堡川灌区	石堡川河	0.67	0.68	0.67	0.45

灌区水资源的这些特点，造成了灌区“枯旱丰涝”的局面，宝鸡峡、泾惠渠、交口抽渭、洛惠渠四大灌区的渠首无调蓄能力，致使丰水期大量河水无法利用。有水库调节的羊毛湾、桃曲坡、石堡川灌区，因水库建于水源偏枯的河道上，加之水库存在隐患，水源效益难以充分发挥。因此，灌区河源供水能力低，缺水严重。据陕西省水利勘测设计研究院对灌区水量供需平衡分析表明，1997 年九大灌区年总缺水量达 8.17 亿 m^3。

三、灌区管理体制不顺，运行机制不活

长期以来，灌区管理体制中存在着体制不顺、机制不活、工程维护费用不足、运行成本高、供水价格形成机制不健全等问题，导致灌区效益难以正常发挥，严重制约了灌区经济的发展。灌区管理体制存在的主要问题为：

(1)管理体制不顺、机制不活。对灌区管理单位性质定位不准，长期以来事、企不分。水管单位内部运行机制不活，缺乏激励和约束机制。人事、分配制度上还沿用计划经济体制下平均分配的不合理做法，不能充分调动职工的积极性。

(2)灌区机构臃肿，运行成本高。灌区管理机构庞大，人员不断增加，机构臃肿，人浮于事，人均管理灌溉面积逐渐减少，增加了运行成本。并且存在着“人员总量过剩，但结构性人才缺乏”的潜规律：一方面是人员总数严重超编，灌区负担加重；另一方面是灌区真正急需的工程技术人员严重短缺，技术力量薄弱，具有高、中级技术职称的人员数量少，并且有下降的趋势，无法满足规范的技术管理需要，造成灌区管理粗放。水费收入的大部分作为人员工资所消耗，灌区缺乏工程维修费用，导致工程老化失修，效益衰减。

(3)基层群管组织层次多,水费层层加码,增加农民负担,影响农民的用水积极性。

(4)田间工程维修养护责任不明确,工程管理不善,造成水资源浪费。

第四节　关中灌区改造工程世界银行贷款项目

为了解决关中灌区工程老化失修、灌溉水源不足、灌区管理体制不活、机制不顺等制约灌区经济发展的问题,经过充分论证,陕西省政府于20世纪90年代初,编制了“陕西省关中灌区改造工程规划方案”。水利部对该项目建议书审查后,建议将关中灌区作为我国灌区更新改造的示范区。1993年国家计委对“陕西省关中灌区改造工程规划方案”进行了批复,并明确指出:为了发展陕西省农业生产,增强农业后劲,同意对关中地区九大灌区进行更新改造,并“原则同意工程规划方案”。为了促进关中灌区改造工程尽快实施,陕西省政府于1996年3月26日,以陕政函[1996]84号正式向世界银行提交了“关中灌区改造项目贷款申请”,申请贷款1亿美元,以补充国内资金的不足。

一、项目准备和立项

(一)项目认定(1997年10～11月)

1997年11月,世界银行派出以B·克瑞姆先生为团长的考察团,对陕西关中灌区改造工程项目进行了第一次考察。通过实际考察,考察团认为此项目是一个很好的项目,并确定了世界银行与陕西合作的意向。

(二)项目准备(1997年12月～1998年9月)

这一阶段,陕西省先后编制完成了“陕西省关中九大灌区改造工程可行性研究报告(1997年)”、“陕西省关中灌区改造工程可行性研究补充报告(1998年3月)”、“移民安置行动计划(1998年9月)”、“项目环境影响评价报告(1998年8月)”、“灌溉系统管理改革报告(1998年3月)”、“关中灌区改造项目水库大坝安全审查报告(1998年3月)”等文件。世界银行分别于1998年3月和4月两次派团对项目的准备情况进行检查和指导,确定了项目主要建设内容和投资规模以及追溯贷款项目。1998年6月15日～7月10日,由澳大利亚著名大坝安全专家瑟几欧·几尤地斯先生(Mr. Sergio Giudici)为主席的世界银行大坝安全检查小组,对项目区12座大坝的安全情况进行了审查,完成了第一次《大坝安全审查报告》。

(三)项目评估(1998年9月～1999年1月)

这一阶段,陕西省对项目准备资料进行了进一步修正和完善,相继完成了“项目环境影响评价报告(1998年12月)”、“项目执行计划(1998年11月)”等资料,在这些资料和信息的基础上,评估团完成了《项目评估报告(1999年2月)》和《项目实施计划(1999年2月)》,通过了对本项目的评估。

(四)项目谈判与贷款批准(1999年2～10月)

1999年3月29日～4月1日,中华人民共和国及陕西省代表与世界银行关中灌区改造项目工作组在美国华盛顿特区世界银行总部进行了谈判,于1999年4月1日双方通过了最终确认的《开发信贷协定》(DCA)、《贷款协定》(LA)和《项目协定》(PA)及有关补充文件,并形成了《关于关中灌区改造工程贷款项目谈判纪要》。世界银行关中灌区改造项目工作组于1999年5月20日将项目评估文件提交董事会批准。随后1999年10月,双方签订了《项目协议》、《贷款协议》和《信贷协议》,上述协议于1999年12月1日正式生效。

从1999年12月1日开始,关中灌区改造项目正式开始实施,项目实施期原定为5年,即从1999年12月开始到2004年12月31日结束。在项目实施过程中,根据项目的实施情况和陕西省经济和社会发展实际,世界银行与陕西省商定把项目结束时间调整为2005年12月31日。相应地,世界银行关闭贷款账户日期从2005年6月30日调整为2006年6月30日。2006年6月30日~12月30日为项目的总结评价阶段。

二、《环境影响评价报告》的编制与审查

(一)环评工作的委托阶段

自陕西省政府向世界银行提出了用贷款进行关中灌区改造工程的申请后,1997年6月,陕西省水利厅委托陕西省水利电力勘测设计研究院承担关中灌区改造工程世界银行贷款项目的工程审查、主要建筑物的设计和环境影响评价工作,同年11月现场考察评价中间成果,并提交世界银行项目选择评审团;1998年3月,陕西省水利厅以陕水农发[1998]24号文,正式委托陕西省水利电力勘测设计研究院编写《关中灌区改造工程项目环境影响评价报告》。

(二)《环境影响评价报告》的编制阶段

1998年4月世界银行考察团环境专家现场考察项目的环境影响,确认本项目的环境影响属于B类,即可能产生局部的、中等程度环境影响,需要进行有限范围的环境评价。世界银行这次考察,除对项目的环境影响级别进行了确认外,还对陕西省水利电力勘测设计研究院编制的《环境影响评价报告》中间成果提出了修改意见,而且要求建立大坝安全审核小组,并提供世界银行操作指南OP 4.37《大坝安全》和移民安置总计划(RAP)提纲,体现了世界银行环境安全保障的政策要求。

1998年5~6月,陕西省水利电力勘测设计研究院根据世界银行考察团的意见,修改了评价书的中间成果。1998年7月9日,世界银行考察团再次对项目的准备工作进行考察,对《环境影响评价报告》草案进行了审查,并在备忘录中指出:

(1)不管是对中国政府还是对世界银行来说,《环境影响评价报告》都是一个非常重要的文件,是项目准备的重要组成部分。

(2)环境影响评价文件应以世界银行提供的环境管理及监测计划格式为指南,以双方共同研究的写作提纲为基础,修改环境影响评价草案。

(3)本项目对河流没有环境影响,对土地资源也没有不可逆影响。

(4)现有的环境问题——地面水污染比较严重,特别是工业和城市对渭河的水质污染非常突出,但预测本项目的实施不会使渭河水质更加恶化。

1998年7~9月,按照世界银行的要求,陕西省水利电力勘测设计研究院对环境评价报告草稿进行了修改,形成了《环境影响评价报告》(修订稿),并于1998年9月28日提交世界银行考察团进行审查。世界银行考察团审查后认为:

(1)根据1998年6～7月世界银行考察团的意见,陕西省水利电力勘测设计研究院为修改《环境影响评价报告》草稿做了很大努力,报告指出了项目各种可能的不利环境影响,这一点考察团非常满意。

(2)关于宝鸡峡林家村水库的一些不利环境影响,需要补充到环境评价报告中去。对"环境管理和监测表"应认真研究审查,以保证落实消除、减轻负面环境影响的措施。

(三)《环境影响评价报告》的审查通过阶段

1998年10～12月,陕西省水利电力勘测设计研究院对《环境影响评价报告》(修订稿)进行了再次修改,完成了《关中灌区改造工程项目环境影响评价报告》。1999年1月10日,该报告通过了世界银行项目评估团的审查,与项目的其他评估文件一起组成了项目贷款谈判文件。

1999年3月29日～4月1日,中国政府及陕西省代表与世界银行进行的项目贷款谈判确认:接受由陕西省水利电力勘测设计研究院于1998年12月提交的《环境影响评价报告》。

三、关中灌区改造项目建设内容

关中灌区改造工程项目区涉及宝鸡市、咸阳市、渭南市、西安市、铜川市等五市25个县(区),涉及农田59.25万hm^2。主要建设内容包括灌区渠首枢纽及水库改造工程、灌溉渠道衬砌改造工程、泵站改造工程、排水系统改造工程、中低产田改造工程和基础设施改造工程等六大类。项目总投资16.6亿元人民币,其中利用世界银行贷款1亿美元。

(一)渠首工程改造

对现有渠首工程现状及发展规模进行复核,未达到设计标准的渠首工程系统(包括引水建筑物),分别采取除险加固、改建及维修、更新闸门和启闭设备等措施,保证其安全运行,完善其引水功能;对交口抽渭灌区渠首工程中的水泵、电机和变压器等机电设备进行机械维修、更换部分机械及电气设备。计划共改造(扩建)水源及枢纽工程17处。

(二)渠道工程改造

经过长期运行,关中灌区渠系布置基本合理,除对部分渠道作适当调整外,尽可能利用现有工程进行续建改造。对由于塌方、淤积、冲刷等原因,造成过水能力不足的渠道,进行整治改造,采取换土回填或衬砌、改线等措施,以恢复输水能力;对部分渗漏较大的骨干渠道因地制宜采取防渗措施;对其他干支渠道,在渠道整治的基础上,有重点地进行防渗改造。防渗改造主要采用明渠衬砌的方法,渠道衬砌形式以"板膜复合结构[1]"为基础,以减少渠道输水损失,提高灌溉水利用系数。计划改造干、支渠道104条,衬砌渠道550 km。

(三)渠系建筑物改造

完善配套渠系分水、节制、泄洪等建筑物设施,根据渠系建筑物老化程度分别采取加固或重建等措施。对老化损坏严重的建筑物,在充分利用原有建筑物的基础上,对部分破损建筑物分别采取维修、加固或重建措施;对骨干灌溉工程系统已形成,但仍有部分建筑物未能配套齐全的灌区,进行续建渠系建筑物,以满足灌区配水要求;对一些断面尺寸小、

---

❶ 板膜复合结构:混凝土衬砌板下铺设一层防渗土工膜料的渠道衬砌形式。

过水能力不足、严重阻水的建筑物进行必要的改建、扩建;除完善各级排(水)、泄(洪)、控制、分水、量测、交通建筑物外,还要补充配备必要的通讯设备和管理设施,以便实行水资源统一调度、综合利用和科学管理。计划改造重点建筑物21座,改造泵站51座。

(四)排水工程改造

疏通和改造灌区排水干、支沟25条,总长195 km。

(五)中低产田改造

平整土地,发展小畦灌,以发展地面节水灌溉技术为主,提高田间工程配套率和斗农渠衬砌率,提高灌水质量;田间渠道衬砌以U型衬砌形式为主,改进耕作技术和灌水方式;渠井双灌区,推广节约用水,消除大水漫灌、串灌,提高田间水利用系数。计划改造中低产田22.93万 hm^2(其中,改善18万 hm^2,扩灌4.93万 hm^2)。

(六)运行和基础设施改造

包括防汛道路改造42 km,管理危房改造38 266 m^2,通讯及量测水设施改造9项,新技术推广4项,并对灌区4 029条斗渠进行管理体制改革。

第五节　关中灌区改造项目的实施

一、项目建设管理机构

为保证关中灌区改造项目的顺利实施,1998年陕西省政府批准成立了由主管农业的副省长为组长,省计委、财政厅、建设厅、审计厅、水利厅、农发办、土地局、省农行和建设银行等部门主要负责人为成员的"陕西省关中灌区改造工程世界银行贷款项目领导小组",并按照"高效、权威、精干、务实"的原则成立了"陕西省关中灌区改造工程世界银行贷款项目办公室[1]",全面负责整个项目的建设和管理工作。同时,在宝鸡、咸阳、渭南、铜川四个市设立了由主管副市长负责的市级项目领导小组,以解决和协调项目建设过程中的有关重大问题;在九个灌区也相应成立了项目执行办公室,主要负责本灌区范围内的工程建设管理工作。主要机构设置如图3-1所示。

二、项目执行情况

项目于1999年12月开工建设,2006年6月30日全部完成了项目建设任务,完成总投资16.57亿元人民币。项目实际共完成改造水源枢纽工程15处,衬砌改造干、支渠道102条591 km,改造抽水泵站52座,主要建筑物改造22座,排水沟修复及改造6条79 km,改造中低产田19.507万 hm^2,衬砌斗、分渠6 023 km。改造防汛道路41.89 km,改造生产及管理危房38 264.6 m^2,建设灌区测水自动化系统9项,完成国内外培训考察38期1 623人次,征用土地187.50 hm^2,安置移民841人,完成灌区支斗渠管理体制改革4 339条,建立农民用水者协会138个。项目建设内容计划及完成情况详见表3-4。

[1] 陕西省关中灌区改造工程世界银行贷款项目办公室,本书中又简称为项目办。

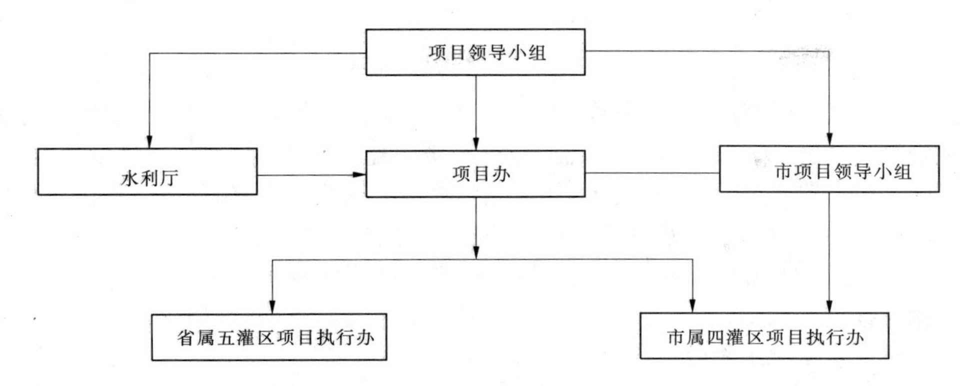

图 3-1　关中灌区改造项目管理机构

表 3-4　项目建设内容计划及完成情况汇总

项目建设内容	单位	评估目标	中调目标	实际完成	完成率
1.水源工程	处	17	15	15	100%
(1)新建	处	3	3	3	100%
(2)改造	处	14	12	12	100%
2.输水设施改造					
(1)干、支渠道衬砌及修复	条/km	104/549	102/591	102/591	100%/100%
(2)抽水泵站改造	座	50	52	52	100%
(3)主要建筑物改造	座	21	22	22	100%
(4)排水沟修复及改造	条/km	25/195	6/79	6/79	100%/100%
3.配水系统改造与扩大	万 hm^2	22.667	19.434	19.507	100%
(1)改善面积	万 hm^2	17.762	15.395	15.512	101%
(2)扩灌面积	万 hm^2	4.905	4.039	3.995	99%
4.运行管理设施改造					
(1)道路改造	km	32.09	41.89	41.89	100%
(2)危房改造	m^2	13 300	38 233	38 264.6	100%
(3)新技术推广	项	3	3	3	100%
(4)灌区测水自动化系统	项	9	9	9	100%
5.培训考察和技术援助					
(1)培训考察					
国内	期/人	6/334	26/1 489	26/1 489	100%/100%
国外	期/人	17/156	12/134	12/134	100%/100%
(2)技术援助					
国内	次	7	14	14	100%
国外	次	1	2	2	100%
6.征迁移民					
(1)征地面积	hm^2	217	187.50	187.50	100%
(2)房屋拆迁	m^2	24 322	24 322	24 322	100%
(3)移民	人	841	841	841	100%
7.灌区管理体制改革					
改制斗渠	条	4 229	4 029	4 339	108%

三、项目效益

关中灌区改造项目的实施,完善了灌溉排水工程,恢复了灌区灌溉排水功能,挖掘了灌区节水潜力,缓解了灌区水资源供需矛盾,经济效益、社会效益和生态环境效益显著。消除了灌区安全隐患,提高了灌溉水利用效率,改善了农业生产基础条件,提高了农村的生产技术水平。通过灌区管理体制改革,强化了农民的参与意识,推动了农村民主化进程,增强了灌区活力,减轻了农民负担。初步解决了灌区灌溉水资源不足、设施老化和灌溉水利用率偏低等问题。

(一)枢纽与水源工程效益

项目的实施,消除了枢纽工程安全隐患,解决了大坝安全检查小组提出的大坝安全问题,保证了水库大坝运行安全。增加了水源工程调蓄能力,提高了供水保证率,为灌区的可持续发展和农业增产提供了条件。

(二)提高了泵站抽水能力,降低了能耗

项目改造了总装机容量为 31 868 kW 的 52 座抽水泵站,泵站最大抽水流量由改造前的 185.78 m^3/s 提高到改造后的 205.44 m^3/s,提高了 19.66 m^3/s;年总耗电量由改造前的 3 558 万 kWh 下降为改造后的 3 467 万 kWh,单方水能耗由改造前的 0.162 kWh/m^3 降低到改造后的 0.143 kWh/m^3,提高了泵站的运行效率。

(三)渠道输水能力提高

1. 干、支渠道输水能力提高

关中灌区改造项目实施后,灌区的干、支渠输水能力均有所提高,其中总干渠输水能力由改造前的 172.9 m^3/s 提高到改造后的 195.4 m^3/s,提高了 13%;干渠的输水能力由改造前的 221.2 m^3/s 提高到改造后的 277.8 m^3/s,提高了 26%;支渠输水能力由改造前的 99.8 m^3/s 提高到改造后的 133.8 m^3/s,提高了 34.1%。

通过项目的实施,灌区骨干渠道输水能力得到提高,增大了引水量,缩短了灌溉周期,提高了灌溉保证率。

2. 灌区退水和排水能力增强

宝鸡峡灌区、泾惠渠灌区和冯家山灌区对退水渠进行了更新改造,使退水能力由改造前的 75.0 m^3/s 提高到改造后的 275.0 m^3/s,保证了灌区输水和工程安全。

交口抽渭灌区和洛惠渠灌区对排水沟进行了疏通、清淤改造,排水能力由改造前的 20.0 m^3/s 提高到改造后的 46.0 m^3/s,提高排水能力 26.0 m^3/s。排水沟的改造,有效地控制了灌区地下水位,土壤含盐量降低,减少了土壤盐碱化面积,提高了作物产量。

(四)渠道衬砌改造节水效益显著

项目共衬砌改造干、支渠道 591 km,占灌区干、支渠总衬砌长度的 24%,占灌区干、支渠总长的 14.6%。渠道衬砌改造减少了输水渗漏损失,提高了渠系水利用系数,节约了水资源。灌区干、支渠的平均节水率达到 5.7%,年节约水量 4 879 万 m^3。另外,因渠道衬砌减少了渠道糙率,增大了渠水流速,从而提高了渠道输水能力。

灌区改造项目共衬砌改造斗、分渠道 6 023 km,占斗、分渠道总衬砌长度的 45.1%,占斗、分渠道总长度的 26.5%;灌区斗、分渠平均节水率达到 7.0%,年平均节约水量

8 315万 m^3。项目实施后，灌区干、支、斗、分等四级渠道，年共节约水量约 13 194 万 m^3。

（五）渠系建筑物得到更新改造

项目对 2 951 座渠系建筑物进行了大规模的更新改造，不仅改善了渠系水流状态，保证了行水安全，更重要的是，提高了灌溉保证率，实现了节约用水的目标。

（六）灌区运行和管理设施得到改善

运行和管理设施改造包括道路改造、危房改造、量水系统自动化和新技术推广等四大类型项目。通过改造，提高了灌区防汛道路的标准，保证了防汛安全；消除了基层管理单位危房的安全隐患，大大改善了职工的办公和生活条件，调动了职工的工作积极性；量水自动化项目的实施，提升了灌区自动化水平，提高了工作效率，为灌区信息化建设起到了示范性作用。

中低产田改造工程的实施，提高了灌区的旱涝保收能力；改革灌区管理体制，提高了灌区管理效率，加大了农民用水户参与用水管理力度；环境管理工作的开展，提高了项目建设者的环境保护意识，使项目对环境的不利影响降到最低或可以接受的程度，项目按环境友好的方式实施。

关中灌区改造项目的实施，提高了粮食产量（小麦产量提高了 1 220 kg/hm^2，玉米产量提高了 1 600 kg/hm^2），增加了农民收入（农民农业纯收入提高了 492 元/（人·年）），使关中灌区再现陕西“大粮仓”风采。项目效益汇总见表 3-5。

表 3-5　项目效益汇总

效益层次	项目效益
项目受益者的纯收入	项目区农民年人均农业纯收入由实施前的 700 元提高到 2005 年的 1 192 元
改善基层管理单位环境	基层管理人员生产管理用房达到 20～30 m^2，房屋土木结构变为砖混结构，管理站内草坪绿化，道路硬化，环境优美
增加有效灌溉面积	灌区有效灌溉面积由改造前的 52.4 万 hm^2 提高到 2006 年的 56.4 万 hm^2，提高了 7.6%
提高农作物产量	小麦、玉米、棉花、油菜、果品、蔬菜的单产分别提高了 1.22 t/hm^2、1.60 t/hm^2、0.52 t/hm^2、0.51 t/hm^2、4.20 t/hm^2 和 18.91 t/hm^2
增加调蓄水能力	年调蓄水量增加了 1.4 亿 m^3
提高工程完好率	工程完好率由改造前的 71.8%提高到实施后的 88.9%，提高了 17.1%
提高干、支渠道衬砌率	干、支渠衬砌率由改造前的 61.5%提高到实施后的 76.8%，提高了 15.3%
提高泵站效率和设备完好率	泵站效率由改造前的 56.4%提高到改造后的 64.8%，提高了 8.4%，设备完好率由改造前的 75.0%提高到改造后的 95.2%，提高了 20.2%
改善灌区生态环境	复种指数提高了 0.06；减少了灌区土壤盐碱化面积

关中灌区改造项目，虽然任务重、综合性强、涉及面广、单项工程多、分布区域大、工程复杂、施工制约因素多，但是通过建设各方的共同努力，项目进展顺利，工程质量优良，有效地控制了建设投资，按期完成了项目建设任务，得到了陕西省政府的充分肯定，并被世界银行评价为“非常满意”项目。

第四章　灌区改造项目环境影响分析

兴建水利工程是人类改造自然的一种实践活动，是通过工程手段，对自然界的水资源进行控制、调节和治理的行为。从2 000多年前我国的都江堰引水灌溉工程和古罗马的城市供水系统，到20世纪中叶的胡佛大坝和阿斯旺大坝，再到今天我国的长江三峡大坝和南水北调工程，水利工程作为人类改造自然、利用自然的重要手段，伴随我们走过了几千年的文明历程，为人类社会的进步、经济的繁荣做出了巨大的贡献。

水利工程在防洪、灌溉、供水和发电等方面起重要作用的同时，对环境也会产生多种影响。灌区是水利工程的产物之一，灌区的灌溉对环境有一定的影响，灌区改造工程同样也会对环境造成一定的影响。

第一节　水利工程及农业灌溉环境影响分析

关中灌区改造项目既有水利工程的特点，又有农业灌溉的特点。因此，在分析关中灌区改造项目环境影响前，本节首先对水利工程及农业灌溉对环境的影响进行简要分析。

一、水利工程环境影响

(一)水利工程对自然环境的影响

1.对河流生态的影响

水利工程的建设(尤其是大坝建设和水库的蓄水)对河流的生态有一定的影响，主要表现为：

(1)改变天然河流的水文特征和结构，打破了河流自然生态系统平衡。

(2)水温结构的变化使上游水体自净能力下降。

(3)破坏水生生物生活环境，影响其健康生长及生物多样性。

(4)减少了下游河道水量，对下游用水户及河流生态用水造成影响。

(5)减小了下游径污比，影响河口水质，降低了水体自净能力。

(6)改变库区和下游河道泥沙的输移和沉积模式，造成上游泥沙淤积、下游河道冲刷、河口后退。

2.对区域水文地质的影响

水利工程的建设改变了自然地貌，有可能截断地下水出路，破坏地下水的自然平衡，造成高边坡滑坡等不良地质环境。

3.对土壤环境的影响

一方面，通过筑堤建库、疏通水道等措施，保护农田免受淹没冲刷等灾害；通过拦截天然径流、调节地表径流等措施补充了土壤的水分，改善了土壤的养分和热状况。另一方面，使下游平原的淤泥肥源减少，土壤肥力下降。

4. 对水库周边地质构造的影响

水库调蓄后，对库区及其周边地区的地质构造、地下水位、气候等条件产生影响，可能会诱发地震、山体滑坡、库区塌岸、地下水位抬升引起的土壤盐碱化和沼泽化、水质富营养化、水面蒸发量增加等。

5. 调水工程的影响

一方面，对调出流域生态的影响(如供水安全、河道断流、河口萎缩等)；另一方面，对调入流域可能因水生微生物迁徙而传播疾病等。

(二)水利工程对社会环境的影响

1. 土地利用、移民的影响

兴建水利工程，淹没和占用土地，减少了人均土地资源，给移民的生活和生产造成影响。

2. 对人群健康的影响

水利工程在施工过程中产生的污水、废气、噪声、固体废弃物等会影响施工区的卫生环境和当地居民及施工人员的健康。水利工程在运行过程中会改变某些病原体孳生环境及传媒栖息地，对当地居民的健康造成一定威胁。

3. 工程建设对文物古迹和自然景观的影响

水利工程的建设有可能使部分文物古迹和自然景观被淹没或破坏。

(三)对社会经济的影响

水利工程的建成提高了区域抗御洪、涝、旱、碱等自然灾害的能力，降低了灾害发生的频率和危害程度，为人民提供了稳定的生产和生活环境；水利工程的兴建，在发电、防洪、航运、灌溉、供水、水产养殖等方面，也发挥了巨大作用。

(四)环境对水利工程的制约

矛盾的两个方面是相互作用的。在水利工程对环境产生影响的同时，环境对水利工程也有其制约作用，如地震对水利工程的破坏作用，上游地区的污染和土壤侵蚀对水体功能的影响，对水利工程的淤积作用等。因此，在兴建水利工程前对工程所涉及地区的环境情况应予以高度重视。

二、灌区灌溉对环境的影响

(一)灌区灌溉对环境的有利影响

我国的灌溉事业有着悠久的历史，在中华民族的生存和发展中居于极其重要的地位，对区域社会环境和自然环境都有积极的影响，主要表现在以下几个方面。

(1)水分是农作物的命脉，适时灌溉为作物的生长发育提供了可靠的保证，使灌区农作物产量大幅度提高。灌区的农业生产比较稳定，在农业经济发展中发挥着基础设施的作用，还带动了与农业相关的其他产业的发展，促进了农村经济和灌区社会的建设与繁荣，是国家农村经济的重要组成部分。

(2)灌区农业的增产增收，将带动所在地区区域经济的发展，主要体现在区域GDP、工业产值、农业产值、旅游服务业产值等的增长上。灌区农业增产还将带动林、牧、副、渔业的发展，也将促进以农产品为原料的加工工业的发展，为经济振兴注入了活力和奠定了基础。

(3)灌溉使土壤的湿度增大,水分蒸发量也随之增加,增加了空气的湿度,干热风等危害可能减少。调节了区域气候、地温和气温,气温的日变幅和年变幅可能减小,有利于改善田间小气候。灌区自身构成了良好的人工生态体系,为改善生态环境、涵养水源、净化空气、抑制水土流失、减轻风沙威胁、防洪减灾起到了不可替代的作用。

(4)农业生产效益提高,农民收入增加,提高了灌区群众生活水平,为农民脱贫致富创造了条件。

(二)灌区灌溉对环境的不利环境影响

灌区在灌溉运行中,或因灌溉本身的原因,或因灌溉管理不当,会对环境造成一定的负面影响。灌区主要潜在的环境问题可能有以下几个方面。

(1)灌区的引水灌溉,减少了河源下游的水量,可能会导致下游河道断流,河流生态退化,地下水位下降。

(2)引用外来水源灌溉,可能会引起水介质传染病的发生。

(3)长期灌溉,一方面可能会使地下水位上升,地下水通过毛管作用,不断向地表运动而蒸发,这种水去留盐的现象,连续数年发生,便产生了土壤盐渍化;另一方面,大量提取地下水灌溉,可能会使地下水位快速下降,造成地下水超采,形成地下水降落漏斗,容易产生地面裂缝、沉降等不良地质环境问题。

(4)不科学的灌溉,可能会影响土壤质量(土壤结构破坏、土壤板结、养分淋失等);可能会增加化肥施用量,造成地下水富营养化等。

(5)灌溉后田间气候湿润,为作物病虫害、杂草的生长提供了条件,因此杂草、作物病虫害有可能会增加。为抑制农作物病虫害和促进作物生长,增加农药的施用量,可能会造成地下水和农产品的污染。

(三)环境保护措施

灌区在长期的灌溉管理中,尽管没有明确提出环境管理的概念,未对这些环境问题进行专门的、有计划的管理,但是在生产实践中,人们已经自觉或不自觉地对这些环境问题进行了有效的管理。可以说,政府部门、灌区管理者和受益用水户对灌区的环境管理工作起到了推动作用。

例如,陕西省关中的洛惠渠灌区,其渠首骨干工程修建于新中国成立前,新中国成立后进行了全面的配套运行,为灌区的经济发展发挥了巨大的作用。在20世纪50~60年代,由于灌区过量地利用地面水进行大水漫灌,加之没有完善的排水系统,使灌区的地下水位快速上升,埋深不足1 m,有些地方还出现了明水,造成了土壤次生盐渍化,不仅使农业减产,而且还酿成了局部地区房屋倒塌的严重后果。20世纪70年代初,为解决这一问题,一方面政府投入了大量资金,当地群众投入了大量的劳力,开挖排水沟渠,降低地下水位;另一方面,灌区加强灌溉管理,与大专院校和科研单位一起研究科学灌水方法、盐碱地改良方法等,推广定额灌水、小畦灌、高含沙淤灌等技术,才遏制了地下水位继续上升,次生盐碱化面积继续增加的趋势,使地下水位下降至临界水位以下。

20世纪90年代初,由于灌区水源缺水严重,灌区下游有些群众为了能及时灌溉,弃渠打井,抽提地下水进行灌溉,致使斗、分渠道长期闲置甚至废弃,田间工程遭到严重破坏。因为是无序、无节制地开采地下水，除自然降水补给外，地下水难以得到渠水的补给，经过几年抽提地下水后，区域地下水位连续下降，致使机井越打越深，出水量越来越小，满足不了农业灌溉的需求，更有甚者，造成了地面沉降和地面裂缝的严重地质环境灾害。为了解决这些问题，灌区管理单位和当地群众一起想办法，多方筹集资金，改造修复灌溉渠系，恢复地面灌溉系统，并采用“渠井双灌，以渠补井，以井辅渠”的良性水资源调配模式。这样，既解决了灌区水资源不足的问题，又有效地控制了地下水超采问题。

但是，这些问题的解决，并没有在一个具有前瞻性、预见性和规划性的环境管理计划指导下，有计划、有组织、有步骤地主动进行，往往都是在人们受到环境的某种惩罚、付出沉痛的代价后，才投入大量的财力、物力和人力被动解决的。过去，灌区的环境管理之所以缺少规划性、统筹性、前瞻性和指导性，究其原因主要是由于人们环境意识淡薄、环境保护知识贫乏所致。这就要求政府环境主管部门，今后应注重提高灌区管理人员的环境意识和环境知识素养，指导灌区编制切实可行的环境管理计划，并监督环境管理计划的实施，使灌溉活动的不利环境影响提前预测预警、及时解决，以便把灌溉对环境的不利影响降到最低程度。

第二节　关中灌区改造项目环评阶段的环境影响分析

灌区改造项目的环境影响是指项目在实施及运行中对环境产生的、诱发的环境质量变化或一系列新环境条件的出现，也就是灌区改造项目与环境的相互作用。灌区改造项目属于非污染型和“轻度影响”项目，对环境的影响有直接影响、间接影响和累积影响。灌区改造项目具有点多、线长、面广的特点，其中有些渠首枢纽水库和水源改造工程又具有施工周期长、强度高、工程量大的特点。因此，1998 年在项目环境影响评价（即项目评估）阶段，对项目的环境影响进行了详细的分析识别和评价。

关中灌区改造项目环境影响评价阶段主要考虑了两个层面的环境问题：一是各项目的具体工程实施可能带来的环境影响，即施工期环境影响；二是带有区域性质的环境影响。

一、项目施工期环境影响

根据各个灌区的每一类工程的建设内容、建设规模等实际情况，逐项分析和筛选环境因子，识别出项目建设期和运行期的环境影响，再提出具体的防治措施和监测内容。施工期主要环境影响见图 4-1。

（一）渠首枢纽及水库改造工程类

1. 主要环境影响因子

（1）施工是在原有工程基础上进行的，施工现场布置在距居民点较远的峡谷中和比较空旷的地方。

（2）施工机械有运输车辆、石料加工、机电安装机具、挖、铲、吊车、混凝土搅拌机、碾压机、钻孔机、灌浆机、钢筋加工机具等。

（3）高峰期施工人员较集中，分别居住于灌区渠首管理站或工棚。

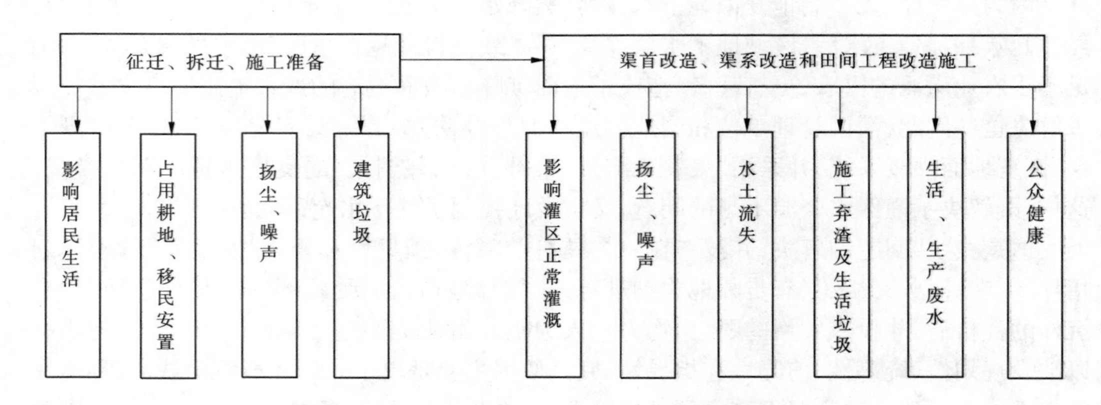

图 4-1　施工期主要环境影响

2. 建设期环境影响

(1)移民及土地征迁。

(2)施工影响灌区正常灌溉运行。

(3)施工噪声、废水、废渣、生活废水、垃圾对环境的影响。

(4)爆破对周围环境的影响。

3. 防治和保护环境的措施

(1)按照有关政策编制项目移民安置行动计划,专门解决移民问题,使移民的生活水平不低于搬迁前的生活水平。

(2)临时占地及淹没的耕地,根据有关政策给予一次性的补偿。工程完工后及时对料场等施工场地进行恢复植被或进行复耕。

(3)合理进行施工组织设计,施工尽量避开灌区灌溉用水期。

(4)修建废水处理池,使施工废水经过沉淀后,再排入排水沟或河道。

(5)施工机械尽量避开群众休息时间作业。

(6)运输施工材料的车辆要加覆盖,施工区经常洒水,减少粉尘对环境的影响。

(7)修建化粪池。

(8)固体废弃物应集中堆放,其上覆盖净土,进行复耕,砌护边坡,防止新的水土流失和滑坡的产生。

(二)渠道系统改造工程类

渠道系统改造主要包括灌溉渠道、排水渠道、抽水泵站、渠系建筑物等改造。

1. 主要环境因子

(1)对已有渠道进行土渠整治、险段加固、衬砌改造;对抽水泵站改造泵房、更换机组和电器设备;排水干沟清淤、整治断面;对老化渠系建筑物进行更新改造。

(2)施工机械有运输车辆、机电安装机具、钢筋加工机具、挖、铲、吊车、混凝土搅拌机、碾压机、钻孔机、灌浆机等。

(3)施工期集中在灌区停水期,施工人员分散,分别居住于灌区管理站和当地居民家。

2.建设期环境影响

(1)临时占地。

(2)施工影响灌区正常灌溉运行。

(3)施工噪声、废水、废渣(大量的拆除混凝土和浆砌石)影响。

(4)生活废水、垃圾、含油垃圾对环境的影响。

3.防治和保护环境的措施

(1)根据有关政策给予临时占地一次性的补偿。工程完工后及时对料场等施工场地进行恢复植被或进行复耕。

(2)合理进行施工组织设计,施工期安排在灌区非灌溉季节。

(3)废水经过处理后,排入渠道。

(4)施工机械尽量避开群众休息时间作业。

(5)运输施工材料的车辆要加覆盖,施工区经常洒水,减少粉尘对环境的影响。

(6)含油垃圾及时处理填埋。

(7)尽量利用固体废弃物修路、筑堤,无法利用的部分应集中堆放,其上覆盖净土,进行复耕,砌护边坡,防止新的水土流失和滑坡的产生。

(三)中低产田改造工程类

中低产田改造主要是田间工程改造。

1.主要环境因子

(1)平整土地,配套完善田间水利设施及渠系。

(2)施工机械有运输车辆、挖土机、推土机、混凝土搅拌机等。

(3)施工面广,施工人员分散,大部分居住于自己家中。

2.建设期环境影响

(1)水土流失。

(2)弃土弃渣。

3.防治和保护环境的措施

(1)根据有关政策给予临时占地一次性的补偿。

(2)合理进行施工组织设计,施工期安排在农闲季节。

(3)合理利用弃土、弃渣。

二、区域环境影响评价

(一)区域水环境

1.径流量变化对河源水质的影响

关中灌区原有大中型水源工程9处,总库容10.04亿 m^3,兴利库容6.39亿 m^3。改造工程实施后,将增加水量调蓄能力2.24亿 m^3,调蓄的水量用于农业灌溉。各灌区工程实施前后的可供灌溉水量如表4-1所示。

从表4-1中可以看出,关中灌区改造项目实施后,渭河干流、泾河、千河和洛河的径流量将有所减少,但减少的流量仅占河流总径流量的2.76%。在入河污染负荷不变的条件下,因工程实施导致的年平均水质变化很小,不会影响河流水体使用功能。

表 4-1　项目实施前后灌区可供水量　（单位：亿 m^3）

灌区名称	现状供水量（1997 年）	实施后供水量	增加调蓄水量	下游河流	预测 2003 年径流	增加供水占径流比例(%)
宝鸡峡	5.87	6.67	0.8	渭河	12.83	6.24
泾惠渠	1.93	2.38	0.45	泾河	11.58	3.89
交口抽渭	3.67	3.67	0		40.24	
桃曲坡	0.3	0.71	0.41	沮河	1.05	由上游马栏河调水工程供给
石头河	1.97	1.97	0		4.1	
冯家山	3	3	0		4.09	
羊毛湾	0.38	0.68	0.3	千河	4.09	7.33
洛惠渠	1.44	1.73	0.29	北洛河	6.05	4.79
石堡川	0.54	0.54	0		0.69	
合计	19.1	22.54	2.24		84.72	

2.水污染对灌溉水质的影响

在陕西境内，渭河水质受到沿途城市污水和工业排污的影响，其主要污染物为COD、石油类等。关中灌区从渭河干流直接引水的灌区主要有宝鸡峡和交口抽渭两个灌区。

宝鸡峡灌区分塬上灌区和塬下灌区两部分，塬上灌区从距宝鸡市以上 11 km 处的林家村渠首引水，渭河林家村水源在陕西境内基本上没有受到污染，目前水质良好；塬下灌区从距宝鸡市以下约 50 km 处渭河北岸的魏家堡低坝引水，其水质受宝鸡市、宝鸡县城、岐山县城区和蔡家坡镇排放的工业废水和生活污水的影响，要改变这一段河流水质，必须控制这些城市的污水及废水排放量。

交口抽渭灌区渠首位于渭河下游的交口断面处，这一段河流水质除受上游污染物携带量外，主要受咸阳市和西安市排放废水的影响。因此，必须严格控制两市的污水和废水向渭河的排入量。

为了改善陕西境内渭河水质，1998 年 9 月，陕西省人大审议通过并颁布了《陕西省渭河流域水污染防治条例》，在该条例中，规定了渭河流域各级人民政府对本辖区水污染防治实行目标责任管理。该条例对渭河干流、各支流、流域内水库引水工程、灌溉渠道的污染防治、污染源治理、达标排放等方面均做出了明确的规定，并规定“渭河流域范围内的城镇要采取积极措施，建设污水集中处理设施”。随着该规定的实施和强化执法力度，关中地区的水污染物排放将得到有效地控制，水质恶化的趋势将受到遏制。灌区改造项目的实施不会对灌溉水源的水质产生进一步影响，各灌区水源的水质可望得到一定程度的改善。

(二)土壤盐碱与渍涝影响

引起土壤盐碱化的主要原因是地下水埋深浅，地下水矿化度高；引起土壤渍涝化的原因主要是地下水位超过了临界水位。根据灌区多年地下水位和水质观测资料分析知：地下水矿化度较高(大于 300 g/L)的灌区有洛惠渠和交口抽渭两个灌区;地下水埋深较浅(小于 3 m)的区域,主要分布在宝鸡峡、泾惠渠、交口抽渭、羊毛湾、洛惠渠五个灌区。可见,潜在盐渍化区域主要分布在洛惠渠和交口抽渭两灌区;潜在渍涝化区域主要分布在宝鸡峡、泾惠渠、羊毛湾三个灌区。

1. 土壤次生盐渍化影响分析

本次改造工程实施后,交口抽渭灌区没有增加引水量,但因为扩大灌溉面积 0.333 万 hm^2,改善配套面积 2.333 万 hm^2,使单位面积灌水量有所减少,所以灌溉不会引起交口抽渭灌区地下水位上升。洛惠渠灌区增加地表水 0.29 亿 m^3,用于扩灌 0.4 万 hm^2 耕地,改善配套 1.80 万 hm^2,改造后灌溉水利用系数取 0.6,有 10% 灌溉水转化为地下水,则扩灌区和改善区地下水位年上升 0.02 m,地下水埋深均大于 10 m,所以因灌溉对洛惠渠扩灌区和改善区的地下水位影响甚微。

分析交口抽渭灌区和洛惠渠灌区土壤次生盐渍化的发展过程,不难得出土壤次生盐渍化与灌区排水设施的完善程度有密切关系的结论。交口抽渭灌区自 1963 年开始灌溉时至 1970 年之间,地下水位年平均上升 0.35～0.58 m,1971～1976 年灌区面积扩大,引水量增加,地下水位继续上升,年平均上升 0.33 m,出现了 0.087 万 hm^2 明水面积,地下水埋深 2 m 以内的面积扩大到 3.52 万 hm^2;20 世纪 70 年代末,灌区修建了排水工程系统,地下水位基本控制在了临界水深 1.8～2 m 以下;80 年代初由于降雨量增加,灌区地下水位再度上升,直到灌区排水工程完成并发挥作用后,水位才明显下降。据 1997 年 11 月调查知,灌区地下水平均埋深为 5.07 m,较上年度下降 0.25 m。洛惠渠灌区开始灌溉以前,地下水埋深 10～15 m,1950 年灌区开灌后,灌溉用水量增加,又无排水工程设施,地下水位急剧上升,20 世纪 50 年代年平均上升 0.568 m,是灌区开灌以来,上升最快的时期;60 年代,因为加强了灌溉管理,完善田间工程,地下水位年平均上升 0.266 m;70～80 年代,灌区完善了排水系统,地下水位才呈现下降趋势,年均下降 0.055 m。

灌区改造工程完成后,灌排设施将得到全面配套。根据排水设计参数,交口抽渭灌区排水工程控制面积 6.6 万 hm^2,占有效灌溉面积的 88%;洛惠渠灌区排水工程控制面积 5.07 万 hm^2,占有效灌溉面积的 102%;排水沟深度 2～3.5 m,均大于形成盐碱化土壤的地下水临界深度。地下水临界深度见表 4-2。

表 4-2　交口抽渭和洛惠渠两灌区地下水临界深度　(单位:m)

灌区名称	砂壤土	轻壤土	中壤土	重壤土	轻黏土
洛惠渠灌区	1.4～1.6	1.5～1.8	2.1～2.4	1.8～2.1	1.7～1.4
交口抽渭灌区		2.2	2.0	1.85	1.1
选用值	2.0				

注:表中所列的值均为灌区实测值。

排水工程完成后,可将两灌区地下水位控制在临界水位以下。在灌区运行中,只要加强排水设施的管理和维护,便可以改善或避免土壤次生盐渍化发生。

2. 土壤渍涝化影响分析

出现渍涝的原因主要是由于排水设施不配套、排水设施失修而引起的。可能发生土壤渍涝化的耕地分布在宝鸡峡、泾惠渠、羊毛湾三个灌区。按地下水埋深小于 3 m 划分，宝鸡峡、泾惠渠、羊毛湾已出现或潜在出现的土壤渍涝化耕地面积分别为 1.303 万 hm^2、0.053万 hm^2 和 0.01 万 hm^2，主要分布在低洼地段(如宝鸡峡灌区的段家、骏马、韩家湾等自然村)。

宝鸡峡、泾惠渠灌区的排水工程已基本覆盖了土壤渍涝的低洼地区，随着两灌区排水工程改造项目的实施，地下水埋深可望控制在 2 m 以下，这将基本解决灌区内的土壤渍涝问题，也不会诱使新的土壤渍涝发生；羊毛湾灌区地面坡降大，属山前洪积扇和黄土台塬区。工程实施后，将由冯家山水库引水至羊毛湾水库，使羊毛湾灌区每年增加 3 000 万 m^3 地表水进行灌溉，但该灌区地下水埋深大于 10 m 的面积占总面积的 66.7%，地下水埋深3～10 m的面积占总面积的 32.8%。在加强地表水灌溉的条件下，地下水位会有回升。由于该灌区没有排水系统，在零星散布的地下水出露的低洼地段，土壤渍涝的问题仍然存在，但影响面积很小。该灌区在发展地表水灌溉的同时，应坚持井、渠双灌的方针，使地下水资源达到采补平衡，地下水基本稳定。

3. 预防措施

在交口抽渭灌区，除已有的排水工程改造外，在地下水矿化度小于 3 g/L 的地区发展机井事业，结合井灌实现竖排；在渠道和村庄空地广植树木，实行生物排水；对于颜家、牛家、罗家、风刘等洼槽地带，已出现盐渍化的地段，在地下水位未降至临界深度之前，可采取灌水压盐、增施有机肥料、实行秸秆还田等措施，以达到改良土壤盐碱的目的。个别中、重度盐碱地可种植高粱、向日葵等耐盐作物加以利用。

在洛惠渠灌区，主要以加强排水措施为主，辅之以淤灌改良、冲洗压盐、种植绿肥作物(如田菁)、增施有机肥料、推广秸秆还田、种植耐盐作物(高粱、向日葵、枸杞等)等改良利用措施。

在羊毛湾灌区，因为地下水水质比较好，在发展地表水灌溉的同时，适当发展地下水灌溉，实现渠井双灌，使地下水达到采补平衡的同时，控制地下水位上升。

(三)农作物病虫害

1. 灌区农作物主要病虫害

不同灌区主要病虫害表现的特征不同，大致可分为三种类型：①粮食作物区，主要包括石头河、冯家山、宝鸡峡南部灌区，在这个区域发生范围大、危害程度重的病虫害主要有小麦条锈病、白粉病、赤霉病、小麦蚜虫、小麦吸浆虫、玉米螟、玉米粘虫等，还有油菜茎象甲、菜蚜、油菜菌核病等。主要杂草有野燕麦、播娘蒿、猪秧秧；②粮果作物病虫害发生区，主要包括桃曲坡、石堡川、羊毛湾及宝鸡峡北部灌区，主要有小麦蚜虫、红蜘蛛、白粉病、苹果红蜘蛛、苹果腐烂病、早期落叶病和梨黑星病、油菜蚜虫、茎象甲等；③粮棉果作物病虫害发生区，主要包括泾惠渠、洛惠渠、交口抽渭灌区，主要病虫害有小麦蚜虫、红蜘蛛、白粉病、全蚀病、棉铃虫、棉蚜、棉花枯黄萎病、苹果红蜘蛛、苹果腐烂病、梨黑星病和蔬菜病虫，主要杂草有猪秧秧、播娘蒿、马唐等。

多年来，上述病虫在九大灌区分别属常发性灾害，据不完全统计，在灌区年发生面积

$3.3\times10^6\sim3.6\times10^6$ hm²·次，常年防治面积 2.8×10^6 hm²·次。

2. 对农作物病虫害结构变化的分析

关中灌区改造工程扩大灌溉面积 4.933 万 hm²，将改善这些地区农作物的生长条件，同时也会改变这一地区所有生物的生存环境，迫使生物结构发生新的变化，这里无疑也包括农作物主要病虫害种类结构的变化。因灌溉面积增加，复种玉米面积扩大，依附玉米秸秆越冬的病菌菌源量增加，加上灌区农田高温湿润的小气候环境，估计赤霉病发生面积增加 66.7～88.9 hm²，小麦吸浆虫发生面积增加 22.2～33.3 hm²，因扩灌改善面积引起的病虫害总面积预计增加 11.45 万 hm²·次。但排水工程实施后，控制排水面积 26.04 万 hm²，基本消除了灌区低洼积水区，预计可减轻农业病虫害面积 14.15 万 hm²·次(包括不同病虫害发生重复计算面积)。由于扩灌区和改善区均分布于灌区内，因此病虫害发生范围还是集中在原有范围区。

农田杂草发生范围扩大，预计农田杂草达到防治指标的面积将比过去扩大 44.4～66.7 hm²。农业管理部门应加强病虫害的监测和预测，指导农民加强田间管理，合理施用农药。

(四)农药使用对土壤、地下水的影响

关中灌区每公顷耕地年使用农药量为 4.59～5.73 kg，用药量最大的洛惠渠、交口抽渭两灌区每公顷年用药量为 11～12 kg，使用农药水平属于较低水平。

自我国停止使用有机氯、有机汞以后，目前使用的有机磷、菊酯和氨基甲酸酯类农药在土壤里的残留和对地下水水质的影响很小，有机磷、菊酯类在土壤里降解很快，据分析，其在土壤残留时间只有 0.1 年。

有机磷类农药有遇到碱性容易分解的特性，洛惠渠、交口抽渭灌区地下水埋深浅，落入土壤中的农药可能渗入地下水，但这一区域水质普遍偏碱性，即使可能有微量的有机磷渗入地下水中，也会因碱性水质使其尽快分解。唯有用于土壤杀虫的部分氨基甲酸酯类农药(如呋喃丹、涕灭威)会对土壤某些微生物造成伤害，也会渗入埋藏较浅的地下水中，从而影响水质。但这类农药目前只在交口抽渭、洛惠渠灌区棉田使用，使用面积不超过 1.3 万～2.0 万 hm²，所以对大局的影响不大。

(五)化肥使用分析

关中灌区主要农作物是小麦、玉米和棉花，近年来灌区内果树的种植比较普及。各灌区主要化肥施用量中氮、磷、钾肥的使用比例大致为 1:0.56:0.11，基本上在陕西省土肥站确定的最佳施用量范围之内。

关中灌区改造项目实施后，由于灌溉条件的改善，作物种植结构的调整，将会增加化肥施用量。据西北农业大学的研究表明，关中地区水浇地和旱地 1～4 m 土层各部分均有大量矿质氮积累，其中硝酸盐氮占 60%～70%；又据陕西省农业科学院土壤肥料研究所的研究表明，用氮肥量高(375 kg/hm²)的情况下，淋失量相当于施氮肥量的 38%。因此，项目实施后，伴随着灌溉条件的改善，在部分地段氮肥的淋失量将略有增加。相应地也会给地下水水质带来轻微的影响。因此，需要采取以下措施：

(1)适当控制氮肥用量，实行科学平衡施肥，按作物需要合理施用氮肥。

(2)实行科学灌水，坚持“多次少量”的原则，提倡滴灌、喷灌，严禁大水浸灌，按作物需要合理施肥，适量灌水，确保作物充分吸收利用水、肥资源，减少损失。

(3)采取农艺措施，充分利用各土层中的硝酸盐氮，即以轮作方式，使深层根系和浅层根系作物发挥各自特长，充分利用各土层硝酸盐氮，减少其向下淋失。

(六)移民环境影响评价

宝鸡峡灌区林家村渠首加坝加闸工程实施后，水库运行水位将有所抬高，造成部分耕地被淹没，从而引起部分村民搬迁或耕地重新分配。经计算需要搬迁安置移民 841 人，通过对移民安置环境容量分析，可以得出：移民安置区耕地容量和人口容量均能满足安置要求；移民安置过程中，短期内对其生活有一定影响，随着《移民安置行动计划》的实施完成，移民的生活水平将不会低于搬迁前的水平。

(七)社会环境影响评价

1.农业效益

农业效益包括两部分，一是通过工程的实施，灌溉农业效益损失减少，所减少的损失也就是本工程的效益；二是在增加水源的基础上扩大原有灌区的灌溉面积，使灌区部分旱地变为良田，增加了项目和当地的农业收益。

2.自然生态环境效益

项目实施后，灌区的小气候将有所改善，灌区内植被覆盖率提高，起到了涵养水分的作用，加大了水分在空气中的流动，造成了良好的气候环境。

3.社会效益

随着灌区经济的更进一步发展，区内商业贸易必将更加繁荣，作为陕西省粮、棉、油、果生产基地，灌区发挥着越来越重要的作用，灌区的经济、农民的收入随之提高，灌区与区外、省内外及国内外的商业贸易往来日趋频繁，交通、邮电、通讯设施随之发展，为整个灌区可持续发展奠定了基础。

第三节　项目实施中对环境影响的重新审视

因时间、设计、资金等因素的影响，关中灌区改造项目评估文件、实施计划的建设内容和项目实际实施建设内容不完全一致，曾经对个别项目的建设内容做了局部调整。因此，2003 年 9 月，项目办根据项目实施的具体情况，在《环境影响评价报告》对项目环境影响分析的基础上，组织有关专家学者，对工程实施和运行可能产生的不利环境影响进行了重新审视，对项目可能造成的各种环境不利影响因素重新进行了分析和筛选，确定出以下重点关注的环境问题：

(1)增加灌溉引水对下游的影响。

(2)供水水质安全和工程安全。

(3)灌溉引水可能带来的土壤盐渍化和地下水超采问题。

(4)水库周边环境影响。

(5)农业生态变化。

(6)卫生防疫。

(7)施工期环境影响。

一、增加灌溉用水对下游的影响

(一)水源工程概况

关中灌区改造工程世界银行贷款项目,实际实施中涉及水源工程有三个项目:宝鸡峡灌区林家村渠首加坝加闸工程、桃曲坡灌区水库溢洪道加闸工程和羊毛湾灌区“引冯济羊”工程。

林家村渠首加坝加闸工程的主要建设内容是对原溢流坝进行加固处理,并加高大坝22.6 m,增加泄洪、排沙系统,在坝顶上加设六孔闸门,形成3 200万m^3的有效库容,年可调蓄水量1.02亿m^3。该工程于1999年开工建设(属于追溯贷款项目),于2002年6月底已全面完工。桃曲坡水库溢洪道加闸工程主要建设内容是加固原钢筋混凝土溢流堰,并在堰顶上加设七孔工作闸门,使水库正常蓄水位抬高4.50 m,有效库容由原来的3 250万m^3增加至4 280万m^3,年可增调水量1 247万m^3。该工程于1999年开工建设(属于追溯贷款项目),于2002年5月底已全面完工。羊毛湾灌区“引冯济羊”输水工程主要建设内容是修建10 km引水隧洞,将冯家山水库的余水量通过自流形式补给羊毛湾水库,使羊毛湾灌区年可增引灌溉水量3 000万m^3,该工程于2000年完工。

(二)近年灌区灌溉引水情况

对1998(项目实施前)~2003年(项目实施后)各河源来水量和灌区引水量情况做了统计调查,各灌区灌溉引水情况如表4-3所示。

从表4-3中可以看出,1998~2003年之间,各灌区灌溉引水量并没有增加,分析原因有以下几点。

(1)1998~2002年河源实测流量比长系列平均径流值偏小50%左右(渭河林家村站实测平均径流量仅7.56亿m^3,比1944~1994年51年系列平均年径流量小56%;泾惠渠渠首张家山站来水均值为9.517亿m^3,比1956~1995年长系列均值小52%;桃曲坡水库沮水河来水量均值为0.35亿m^3,比1956~1996年多年平均年径流量小48%),近几年属特枯年组。

(2)随着关中灌区改造工程的实施和相继投入运行,提高了灌区的水利用系数,节约了灌溉用水量。

(3)水源工程的投入运行,提高了水库的调蓄能力,保证了农业灌溉引水的适时性和及时性。

(三)灌区改造项目增加灌溉水量对下游水资源的影响分析

1.增加的引水量

根据项目的工程设计,关中灌区水源改造工程涉及宝鸡峡林家村渠首加坝加闸、桃曲坡水库溢洪道加闸和羊毛湾灌区“引冯济羊”输水隧洞建设,三项工程实施后,年可增加引水量1.444 7亿m^3,各工程项目年增加水量见表4-4。

2.增加水量对环境的影响

(1)宝鸡峡林家村渠首加坝加闸工程。该工程增加的1.02亿m^3调蓄水量,占渭河林家村断面多年平均来水量23.79亿m^3的4%左右,对渭河下游的水量无较大影响。但

表 4-3　1998～2003 年河源来水与灌区灌溉引水统计　（单位：亿 m^3）

灌区名称	项目		年份						备注
			1998	1999	2000	2001	2002	2003	
宝鸡峡	河源引水量		6.32	10.28	8.379	7.79	5.064		渭河林家村断面
	灌溉引水量		2.229 7	2.860 7	2.448	2.232	2.596	2.425	
泾惠渠	河源来水量		10.39	9.903	7.554	9.729	10.10	20.45	渭河张家山断面
	灌溉引水量		1.219 6	1.500 4	1.238 9	1.619 7	1.517 9	1.248 6	
交口抽渭	河源来水量		41.14	36.43	33.46	29.54	28.96	89.69	渭河临潼水文站
	灌溉引水量		1.515 6	1.727 4	1.940 5	2.163 0	1.696 4	1.484 5	
桃曲坡	河源来水量	沮水		0.307 4	0.339 3	0.359	0.540 9	0.201 8	
		马栏河		0.322 8		0.172 6	0.325 8	0.168 0	
		合计		0.630 2	0.339 3	0.531 6	0.866 7	0.369 8	
	灌溉用水量		0.131 8	0.455 7	0.228 0	0.473 9	0.597 0	0.296 7	
石头河	河源来水量			3.14	2.439	2.398	1.816		石头河
	灌溉引水量		0.187 3	0.246 8	0.317 1	0.445 3	0.391 7	0.255 4	
冯家山	河源来水量		1.938 2	2.041 6	1.586 8	2.054 9	1.189 7	3.849 9	千河冯家山断面
	灌溉引水量		0.705 5	0.921 3	0.859 8	0.954 6	0.910 2	0.622 1	
羊毛湾	河源来水量		0.305 7	0.346	0.194 9	0.208 1	0.256	0.655	漆水河断面
	灌溉引水量		0.043 2	0.206	0.169 9	0.106 2	0.188	0.127 9	
洛惠渠	河源来水量			5.917	5.877	6.911	6.428		洛河狱头断面
	灌溉引水量		1.342	1.497 9	1.005 1	1.168 3	1.117 1	1.157 8	
石堡川	河源来水量		0.26	0.22	0.18	0.24	0.23		石堡川河断面
	灌溉引水量		0.087	0.21	0.18	0.18	0.21	0.17	

注：资料来源于宝鸡峡等九个灌区管理局。

表 4-4　水源改造工程设计年增加水量　（单位：亿 m^3）

工程名称	设计年增加水量	备注
宝鸡峡林家村渠首加坝加闸工程	1.02	“蓄清排浑”运行
桃曲坡水库溢洪道加闸工程	0.124 7	其中含有从外流域马栏河调入的水量
羊毛湾“引冯济羊”输水工程	0.3	从冯家山水库向羊毛湾灌区调水量
合计	1.444 7	

是在特枯年和特枯季节，宝鸡峡林家村渠首拦蓄过小径流量，可能会造成渭河林家村断面至清姜河口断面区间约 5 km 长河段短时间断流，清姜河口断面以下渭河中下游，有清水河、伐鱼河、石头河、黑河、沣河、霸河、罗纹河等南山诸支流汇入补给水量，因此渭河常年流量不会受到宝鸡峡灌区林家村渠首加坝加闸工程的影响。渭河中下游支流分布情况如图 4-2 所示。

对林家村至清姜河口段可能出现的渭河断流问题，宝鸡峡管理局将根据“渭河宝鸡

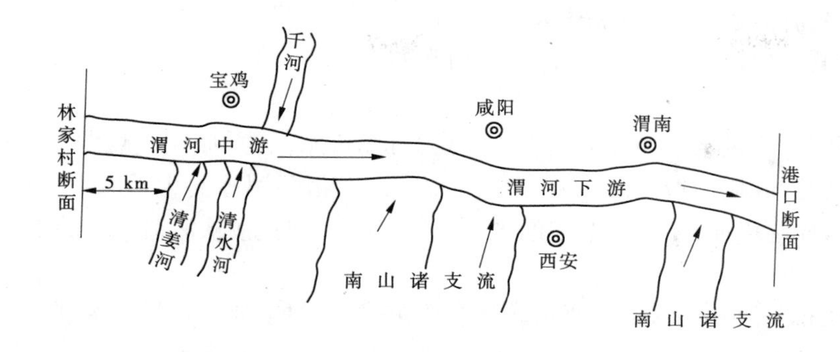

图 4-2　渭河林家村至港口段支流分布示意图

市区段生态园的用水”要求及时补给生态水。

(2)桃曲坡水库溢洪道加闸工程。工程增加的调蓄库容,其水量来源有两个途径:其一是对沮水河丰水年和洪水期径流的调节;其二是对从流域外马栏河调入的水流进行调节。其中,对马栏河来说,引马渠首属低坝无调节引水,设计引水原则为当马栏河来水流量小于 0.5 m^3/s 时,渠道停止引水,保证马栏河下游有 0.5 m^3/s 的生态用水;对主河道沮水河来说,桃曲坡灌区从水库引水后,沿水库大坝断面沮水河下游放水至岔口枢纽(低坝无调节枢纽),再引水入灌溉渠道。由此可见,水库至岔口段沮水河有足够生态用水,岔口处又有漆水河汇入,形成有常流量的石川河(见图 4-3)。因此,桃曲坡水库溢洪道加闸工程增加调蓄水量后,对下游河道生态用水没有影响。

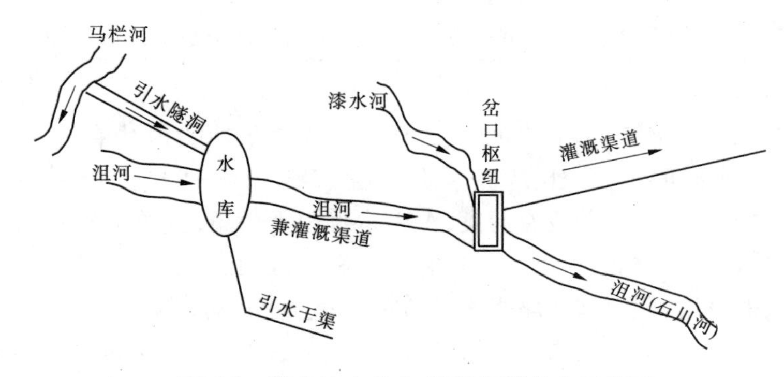

图 4-3　桃曲坡水库上、下游河道分布示意图

(3)“引冯济羊”输水工程。该工程是通过引水隧洞调引冯家山水库丰水年非灌溉期或洪水期的水量,来增加羊毛湾灌区的灌溉引水量,不涉及千河水资源的重新分配。

因此,关中灌区水源工程改造项目从总体上来说,对下游各河道及项目区水资源基本无影响。

二、灌溉供水安全和工程安全

(一)灌溉供水安全

对灌区来说,供水安全就是灌溉水质必须符合国家《农田灌溉水质标准》(GB 5084—92)的要求。如前所述,灌区是一个灌溉供水体系,由水源供水(水库供水或直接从河道取水),再通过灌溉渠系引水,把水输送到田间进行灌溉。只有水源水质和灌区渠系水质都符合农业灌溉水质标准时,才能确保灌溉引水的安全。

1.水源水质

关中灌区灌溉供水水源分为两类:一类为有库供水水源,如宝鸡峡塬上灌区、石头河灌区、羊毛湾灌区、桃曲坡灌区、冯家山灌区、石堡川灌区;另一类为无库供水水源,如宝鸡峡塬下灌区、泾惠渠灌区、交口抽渭灌区、洛惠渠灌区,即直接从河道引水的水源。

1)有库水源

桃曲坡、石头河和冯家山三座水库具有双重供水功能,除承担农业灌溉任务外,同时还承担着向城镇供水的任务。陕西省水环境监测中心定期对其水质进行监测,水利厅每季度向社会发布水质公报,确保水库水质达到生活饮用水水源水质标准。根据陕西省水环境监测中心等部门的监测结果,有库供水水源水质情况见表 4-5。

表 4-5　有库供水水源水质情况

灌区	水质评价	依据标准	监测单位	备注
宝鸡峡林家村水库	符合标准	GB 5084—92	宝鸡市环保局	2003 年资料
桃曲坡水库	符合标准	GB 5749—85	省水环境监测中心	2003 年资料
石头河水库	符合标准	GB 5749—85	省水环境监测中心宝鸡分中心	2003 年资料
冯家山水库	符合标准	GB 5749—85	省水环境监测中心宝鸡分中心	2003 年资料
羊毛湾水库	符合标准	GB 5749—85	乾县卫生防疫站	2003 年资料
石堡川水库	符合标准	GB 5749—85	省水环境监测中心	2003 年资料

注:资料来源于宝鸡峡等九个灌区管理局。

宝鸡峡灌区林家村水库、羊毛湾水库、石堡川水库供水功能相对单一,只有农业灌溉任务,林家村水库的水质符合《农田灌溉水质标准》(GB 5084—92)。羊毛湾、石堡川水库水源河道均位于峡谷之中,上游没有污染,水库本身也无污染,且监测资料显示其水质均符合生活饮用水水源水质标准要求。因自然条件和地区社会经济发展所限,近年来水库上游工业也无大的发展,因此这两座水库水质符合农业灌溉标准。

(1)石堡川水库。该库水源为石川河,发源于黄龙县大岭镇,穿流于黄龙山深山峡谷中,峡谷区为森林地带,植被良好,沿途无工矿企业,无工业污染,居民稀少,石川河几乎没有污染。

(2)羊毛湾水库。该库水源为渭河左岸较大支流之一的漆水河,发源于陕西省麟游县招贤镇石嘴子村西南山沟中,水库库区河长 111 km,上段属黄土梁状的土石山区,河谷窄深,基岩裸露,植被较好;下段穿流于黄土台塬之间,谷坡破碎陡直,沿途无工业污染,居民稀少,几乎没有污染。

因此,有库水源水质均能达到《农田灌溉水质标准》(GB 5084—92)的要求。

2)无库水源

宝鸡峡灌区魏家堡渠首,直接从渭河干流低坝自流引水,灌溉着宝鸡峡塬下灌区的 7.733 万 hm^2 农田。交口抽渭灌区渠首,直接从渭河干流抽水灌溉。泾惠渠灌区、洛惠渠灌区渠首分别直接从泾河干流和洛河干流低坝自流引水灌溉。

陕西省环保局在渭河、洛河、泾河干流设有常年水质监测断面，与灌区渠首所对应的监测断面分别为渭河干流的常兴桥断面、渭河干流的新丰镇大桥断面、泾河干流的张家山断面、洛河干流的蒲城公路桥(洑头)断面，河源水质监测断面详见《陕西省关中九大灌区分布图》。根据陕西省环保局对各监测断面水质常年监测结果可知，渭河、洛河、泾河地表水中五日生化需氧量(BOD_5)、化学需氧量(COD)、石油类、挥发酚、氨氮等为主要污染物，Hg、Cr^{6+}、As、Pb、Cd 等重金属多数时间都处在地表水Ⅰ类水平(低于农田灌溉水质标准要求)，甚至未检出，说明这些河流不属于无机物污染的河流。这些污染物参数均未超过《农田灌溉水质标准》(GB 5084—92)中旱作标准要求。由此说明，渭河、洛河、泾河的水质均符合灌溉要求。渭河、洛河、泾河各取水断面地面水主要污染的年平均监测结果详见表 4-6。

表 4-6　渭河、洛河、泾河水质监测年平均监测结果　　(单位:mg/L)

河流名称	监测断面		监测项目							备注
			生化需氧量	化学需氧量	石油类	挥发酚	氨氮	总汞	总铬(六价)	
渭河	常兴桥	浓度	15.4	34.65	0.85	0.001	1.65	0.000 02	0.002	2003 年宝鸡市环保局监测结果
		超标倍数	未超标	未超标	未超标	未超标	未超标	未超标	未超标	
	新丰镇大桥	浓度	12.5	118.7	5.90	0.077	10.68	0.000 64	0.015	
		超标倍数	未超标	未超标	未超标	未超标	未超标	未超标	未超标	
泾河	张家山	浓度	1.22	11.9	0.05	0.001				2001 年省监测站东庄水库项目监测资料
		超标倍数	未超标	未超标	未超标	未超标				
洛河	蒲城公路桥	浓度	22.58	75.34	0.39					2003 年渭南市环境监测站资料
		超标倍数	未超标	未超标	未超标					
执行标准值			≤150	≤300	≤10	≤1.0	≤30	≤0.001	≤0.1	GB 5084—92

2. 灌区渠系水质(灌溉水质)

1)宝鸡峡灌区

宝鸡峡灌区位于关中西部，灌溉宝鸡、咸阳、杨凌、西安 4 市 14 县(区)的 19.771 万 hm^2 农田。灌区分为塬上和塬下两大灌溉系统。

塬上灌区于 20 世纪 70 年代建成(属新灌区)，灌溉面积 12.038 万 hm^2，由林家村渠首水库引水，干渠为塬边渠道，系统内有 4 座渠库结合的水库。该系统内没有工业污染，沿途有少量村民及城镇居民生活污水排入干渠,不会影响灌溉水质。

塬下灌区于20世纪30年代建成(属老灌区,即原渭惠渠灌区),灌溉面积7.733万 hm^2,枢纽为魏家堡渠首,为低坝自流引水。其中北干渠为塬边渠道,沿途无工业污染,村庄稀少,生活污水量小,且灌溉流量大,灌溉周期长,水质符合灌溉水质要求;南干渠沿途有6个工厂排污口、有5个城镇及机关单位生活排污点,本应在绛帐支渠进口、周坊三支渠、南四支渠口设置灌溉水质监测点,但是近年来该渠道已不用作灌溉渠道,所以对南干渠的水质可以暂时不进行监测,如果渠道恢复灌溉功能时,必须对其灌溉水质进行监测。

2)泾惠渠灌区

该灌区位于关中中部,灌溉咸阳、西安、渭南3市6县(区)的8.93万 hm^2 农田。该灌区始建于1932年,经过70多年的运行,已经形成了较为完善的灌排系统。灌区可能的污染源将来自于灌区的工业、生活污水。根据调查和几十年的运行情况可以看出:一是灌区所在的各县区内均有完善的排水系统,生活污水、工业废水没有直接排入溉灌渠道的现象,而是有组织地排入排水沟渠;二是在灌区个别农村沿渠居民将生活污水排入灌溉渠道,但由于灌区年引水时间达300天左右,且污水排放量很小,因此沿渠村民排入渠道的生活污水对灌溉水质无较大的影响。2002年经陕西省疾病预防控制中心对灌溉渠水进行检验表明,渠道水质完全符合农业灌溉水质标准。

3)交口抽渭灌区

该灌区位于关中东部,灌溉着渭南市的8.0万 hm^2 农田,始建于1960年。灌区内污染源主要为工业排污及沿途居民的生活污水。灌区沿渠居民排入灌溉渠道的生活污水量比较少,且灌区年引水时间达300天左右,因此沿渠村民排入渠道的生活污水对灌溉水质无影响。区内主要的污染源为:闫良区关山镇污染点、临潼区某造纸厂和临潼区固市镇某造纸厂。其中,固市镇某造纸厂的污水直接排入东干排水干沟,对灌溉水质无影响;其余两个污染点可能对灌溉水质有影响,应分别在西五支渠末和刁张抽水站前池设水质监测点,进行灌溉水质监测。

4)桃曲坡灌区

该灌区位于关中中部,灌溉铜川、咸阳、渭南3市4县(区)的2.1万 hm^2 农田,始建于1969年。水库至岔口引水枢纽处无污染源,但进入岔口引水枢纽的另一水源——漆水河上游有铜川老区污染点和耀州区污染点,可能对灌溉水质有影响,需在岔口引水枢纽处设水质监测点。岔口引水枢纽以下灌区无污染源,只要岔口引水枢纽处水质符合农业灌溉标准,灌溉水质就不会有问题。

5)石头河灌区

该灌区位于关中西部,灌溉宝鸡市2县的2.47万 hm^2 农田,始建于1969年。灌区内没有工业污染源,只有沿渠居民排入渠道的少量生活污水,对灌溉水质无影响。

6)冯家山灌区

该灌区位于关中西部,灌溉宝鸡、咸阳2市7县(区)的9.07万 hm^2 农田,始建于1969年。灌区内没有工业污染源,只有沿渠居民排入渠道的少量生活污水,对灌溉水质无影响。

7)羊毛湾灌区

该灌区位于关中西北部,灌溉宝鸡、咸阳2市3县(区)的2.2万 hm^2 农田,始建于1958年。羊毛湾灌区总干渠桩号30+000以前没有工业污染,桩号33+000以后有工业排污点;北干渠有生活排污点。羊毛湾灌区主要污染源分布见表4-7,拟在距总干渠33+748排污点最近的取水口十七支渠口及二十支渠口设置监测点。

表4-7 羊毛湾灌区污染源分布

序号	排污单位名称	排污点桩号	排污量(L/s)	废水类型
1	××果汁厂	33+748	50	生产废水
2	××纸箱厂	33+888	50	生产废水
3	乾县县城	北干渠	110	生活污水

8)洛惠渠灌区

该灌区位于关中东部,灌溉渭南市的大荔、蒲城和澄城3县的4.93万 hm^2 农田,始建于1934年。灌区沿渠道无工业污染,只有居民排入渠道的少量生活污水和生活垃圾,对灌溉水质没有影响。但灌区必须加强管理,灌溉引水前必须对渠道进行检查,及时清理生活垃圾,必要时可在沿途居民较密集的渠道设立水质监测点。

9)石堡川灌区

该灌区位于关中东部,灌溉渭南市的白水、澄城2县的2.07万 hm^2 农田,始建于1969年。灌区渠道沿途无工业污染,只有沿渠居民排入渠道的少量生活污水,对灌溉水质无影响,符合农业灌溉用水标准。

从以上分析可以得出,关中九大灌区水源水质和灌区渠系水质都符合《农田灌溉水质标准》(GB 5084—92)的要求,因此关中灌区灌溉供水水质是安全的。今后对有污染源的灌溉取水点必须进行水质监测,发现问题及时采取措施;对目前没有污染源的渠系,要进行定期检查和调查,发现污染源随时监测水质,发现问题及时采取必要的环保措施解决。

(二)工程安全

1.大坝安全

大坝的安全是水利工程的生命线,因为如果大坝不能正常发挥功能或失事,将产生严重的后果,更谈不上工程的可持续性,因此必须采取适当的措施保证大坝在整个寿命期间的安全。大坝安全管理的目标:一是消除水库大坝存在的安全隐患,确保水库大坝安全运行;二是完善大坝安全检测系统,使部分大坝实现洪水预报自动化;三是制定并执行《大坝安全计划》和《大坝工程运行维护手册》。

关中灌区渠首引水枢纽按其工程类型可分为三类:一是无坝引水枢纽,如交口抽渭工程枢纽;二是低坝无调节引水枢纽,包括洛惠渠渠首、宝鸡峡林家村渠首(项目实施前)、宝鸡峡魏家堡渠首等3座;三是水库枢纽工程,包括羊毛湾、石头河、泾惠渠渠首、冯家山、桃曲坡、石堡川等6座。另外,宝鸡峡灌区的王家崖、信邑沟、大北沟、泔河等4座水库和泾惠渠灌区的三原西效水库也是重要的水量调蓄工程。

根据世界银行操作手册 4.37 条款及我国水利部水管[1995]86 号文发布的《水库大坝安全鉴定办法》的规定，应对坝高在 15 m 以上或库容在 100 万 m^3 以上的大坝进行安全审查。因此，陕西省水利厅成立了大坝安全审查小组，于 1997 年对关中灌区的王家崖、信邑沟、大北沟、泔河、羊毛湾、石头河、冯家山、桃曲坡、石堡川等九座水库大坝进行了安全审查，形成了《水库大坝安全论证总报告》。该报告说明了大坝各建筑物是否达到了规范规定的等级和设计标准，并对大坝目前存在的主要问题及其原因进行了分析，提出了大坝达到可接受的安全等级需要采取的工程措施和有关建议。

1998 年 6 月 15 日～7 月 10 日，按照世界银行项目经理的要求和建议，项目办组织进行了第一次大坝安全检查。由澳大利亚著名大坝安全专家瑟几欧·几尤地斯先生（Mr. Sergio Giudici）为主席的世界银行大坝安全检查小组，完成了关中灌区 10 座已成大坝（王家崖、信邑沟、大北沟、泔河、冯家山、石头河、羊毛湾、桃曲坡、洛惠渠、石堡川）和 2 座待建大坝的安全审查工作，检查小组的工作内容涉及到了 12 座水库大坝的水文、地质、防洪标准、稳定分析计算、设计与施工、监测与运行管理等方面，提交了《大坝安全审查报告》，该报告详细描述和反映了检查小组的工作内容、审查意见、应对措施和建议等。

2001 年 8 月，大坝安全小组又进行了第二次检查，主要目的是检查和评价大坝设计及施工质量，并就合理改进技术工作及加固措施，保证改造项目中的大坝安全及作用发挥提出了建议。项目办根据两次大坝安检专家提出的意见和建议，组织了水利厅有关处室、陕西省水电设计研究院、各灌区项目办及其他有关人员进行了认真讨论和研究，提出了经济、实用的加固方案和处理措施，拟逐步通过工程设计或工程施工得到落实，特别是桃曲坡灌区水库和石堡川灌区水库两座安全隐患较多的大坝，已经落实了大坝加固处理方案。各灌区水库大坝存在的主要问题及加固处理情况详见表 4-8。

表 4-8　2003 年 9 月水库大坝加固处理情况统计

大坝名称	存在问题	处理措施	进度
王家崖大坝	1.过坝干渠衬砌破坏	拆除原衬砌，重新现浇混凝土衬砌	已完工
	2.迎水坡护坡破坏	拆除原护坡，新建现浇混凝土护坡，下铺复合土工布反滤，缝间用胶泥填充	
	3.坝体测压管偏少	增加坝体测压管	
	4.满库情况下坝肩渗漏十分严重	对两坝肩进行充填灌浆	
羊毛湾大坝	1.右岸龙脖子副坝迎水坡受风浪淘刷严重	采用混凝土菱形网格，内填干砌石进行护坡	
	2.检测设施老化	增补新观测仪器	
	3.洪水测报设施不全；应急预案不完善	建立观测站；制定应急预案	

续表 4-8

大坝名称	存在问题	处理措施	进度
桃曲坡大坝	1.溢洪道右坝肩高边坡存在滑坡危险	对高边坡进行削坡处理,并加强观测	正在实施
	2.左、右坝肩附近存在坝体裂缝	根据进一步地质工作,对右坝肩充填灌浆	
	3.高低放水洞闸门启闭不灵	更新闸门和启闭设备	
大北沟大坝	1.溢洪道泄流规模和抗冲能力不满足要求	改建和拓宽溢洪道,并重新衬砌	正在实施
	2.过坝干渠衬砌破坏,渠道漏水严重	过坝干渠拆除重新衬砌	
	3.迎水坡破坏,威胁大坝安全	干砌石护坡,下铺土工布	
	4.下游河道有滑塌现象,淤堵河道	增设排水设施,降低地下水位,河道清淤	
	5.安全检测设施不健全	安装新的观测系统	
石头河大坝	1.右坝坝体段坝基渗漏	增修一道防渗墙,并进行帷幕灌浆	已完工
	2.上坝道路存在安全隐患	对上坝道路进行改造,泄洪时确保其安全	
	3.大坝监测设施和水情测报设施不完善	新建大坝安全监测系统和水情测报系统	
冯家山大坝	1.泄洪洞闸门及启闭机老化,启闭不灵	更换闸门和启闭机,增加备用电源	已完工
	2.坝肩渗漏严重,右岸排水洞需加固改造	坝肩进行帷幕灌浆,排水洞衬砌	
	3.坝坡稳定分析不可靠	安装新设备,得出可靠数据,进行稳定分析	
	4.防汛抢险道路标准低	参照四级公路标准新建 6 km 防汛道路	
信邑沟大坝	1.坝坡稳定安全系数小,不满足规范要求	上、下游坝坡培厚加固	正在实施
	2.过坝干渠衬砌破坏,渠道向坝体漏水	过坝干渠拆除重新衬砌	
	3.迎水坡护坡严重破坏	混凝土块下铺土工织物反滤,重新砌护迎水坡	
泔河大坝	1.溢洪道泄流能力不足	拓宽溢洪道,并在进口加设闸门	正在实施
	2.坝脚排水棱体被土覆盖,排水不畅	培厚下游坡,坝趾处设堆石排水体,下游河道清淤	
	3.防汛通讯设施落后,无备用电源	更新通讯设备增加柴油发电机组	
	4.大坝安全监测设施不健全	健全位移观测、渗流监测和其他监测项目	
石堡川大坝	1.大坝变形、裂缝严重;坝肩渗漏;坝坡稳定安全系数不满足规范要求	坝体软弱夹层灌浆;坝肩帷幕灌浆防渗;大坝迎水坡培厚;坝体裂缝处理	已完工
	2.安全监测设施不全	完善监测设施	
	3.上坝道路标准低	参照四级公路标准改建上坝道路	
	4.泄洪洞工作桥断裂,启闭机工作失灵	工作桥拆除重建,更换启闭机	

按照计划到2004年,组织第三次大坝安全检查,对大坝安全情况进行最后评价,并对大坝运行期提出建议。

为了保证灌区大坝工程运行良好和正常维护,按照世界银行《项目协定》的要求,各水库大坝要准备一份运行和维护计划及一份抢险预案。为此,各灌区相继完成了各相关大坝的《大坝安全计划》和《大坝工程运行维护手册》的编制工作。

通过大坝安全检查,认真落实安全检查小组专家的意见,随着灌区改造工程的完成,大坝所存在的安全隐患将得到解决。大坝运行期间,通过《大坝安全计划》的实施,可以保证大坝的安全运行。

2.渠道及抽水站安全

灌区改造项目对各灌区渠道衬砌损坏段、土渠险段进行了衬砌修复改造和渠堤加固衬砌,对老化的抽水泵站进行更换水泵机组及电气设备、厂房更新改造等。截至2003年9月,渠道及泵站改造工程已完成了任务的90%左右,该改造任务完成后,渠道和抽水站的安全隐患可基本消除。已完成的渠道及泵站改造工程,在2003年夏季灌区防汛中发挥了很大的作用。

三、土壤盐渍化和地下水超采

灌区土壤盐渍化和地下水超采问题,最直接的表现分别是地下水位的快速持续上升和快速持续下降。

(一)灌区地下水分布概况

关中地区水文地质区为冲积平原、黄土塬和山地,具有松散岩孔隙为主的河谷盆地型水文地质特征,堆积物厚度大,易于降水补给,富水性好。地下水的埋深特点是自盆地中心,沿渭河南北两侧至黄土台塬,呈由浅而逐渐变深之势。近年来,地下水位处于相对稳定状态,水位变幅在±0.5 m之间,但关中灌区地下水位动态总体特征呈弱下降趋势。

关中灌区大部分地区为地下水矿化度≤2 g/L的重碳酸盐、重碳酸硫酸盐型水,宜于工业和农灌用水;小部分地区地下水的矿化度>2 g/L,主要为重碳酸盐、硫酸盐及硫酸盐——氯化物型水,主要分布在洛惠渠和交口抽渭灌区的大荔县、蒲城县、渭南临渭区的某些区域。

(二)灌区可能发生盐碱化和地下水位超采的区域分析

关中灌区改造工程的实施,增加了灌溉引水量,也增加了地表水对地下水的补给量,可能会引起地下水位上升,导致土壤的盐渍化发生。另一方面,在项目区,因不合理的开采地下水,有可能造成地下水位下降,出现地下水超采区。

关中九大灌区的桃曲坡、羊毛湾、石头河和石堡川四个灌区,因其所处黄土高塬沟壑区的地质地貌特征,要么地下水排泄条件较好,地下水矿化度低,要么地下水埋深较深,因此这四个灌区不会发生土壤盐渍化的问题,也不存在地下水超采的问题。四个灌区的地下水情况见表4-9。

表 4-9　桃曲坡等四个灌区的地下水情况

灌区名称	地质地貌	地下水埋深	地下水水质
桃曲坡	地势西北高，东南低，土壤透水性好	90%的面积>20 m	水质好
石头河	为黄土台塬河谷阶地和其他类型地貌单元。地面坡降较大，土壤透水性好	1～10 m	水质好
羊毛湾	主要属于山前洪积扇，水力坡降较大，地下水含水层颗粒较粗，地下水径流条件较好	80%以上的区域地下水埋深在2～20 m之间	矿化度<0.5 g/L
石堡川	为渭北旱塬地区，地势西北高，东南低	>40 m	水质良好

而交口抽渭灌区和洛惠渠灌区存在土壤盐渍化问题，冯家山灌区存在地下水超采问题，宝鸡峡灌区和泾惠渠灌区既存在土壤盐渍化问题，也存在地下水超采问题。

1. 宝鸡峡灌区

该灌区主要属于黄土塬区和渭河阶地地貌单元。地下水位埋深黄土塬区为2.0～80 m，渭河阶地区为5～20 m。地下水矿化度一般小于1 g/L，仅在小部分洼地大于2 g/L。灌区地下水pH值为7.1～8.2，呈弱碱性。渭河阶地大部分区域地下水的径流条件较好，又因渭河、漆水河等河流的及时补排，一级、二级阶地地下水位平均年下降或上升值均在0.3 m左右，一般不会发生地下水超采和土壤盐渍化问题。

而在黄土塬区部分洼地(主要分布在武功、礼泉以南地带)，土壤颗粒较细，地下水的水力坡降较小，排泄不畅，地下水埋深较浅(2～20 m)。在20世纪70～80年代，因长期引用地表水灌溉，地下水补给量增加，又没有完善的排水措施，该区地下水位年平均上升1.5～2 m，使部分地区曾一度出现明水。尽管在有关部门的重视下，通过修建排水沟、完善排水设施、打井抽排等工程措施和节水灌溉等管理措施，近年来地下水位上升势头已得到控制，但是该区因其特殊的土壤环境，如果管理不善还是有出现盐渍化的可能。

另外，在渭河阶地区东部渭河沿岸的咸阳市，近年来，由于大量的城市和工业用水全部利用地下水，地下水年降幅约为0.5 m，已形成了地下水的超采区。

2. 泾惠渠灌区

该灌区地貌单元可分为泾渭河滩地、泾渭河一级阶地、泾渭河二级阶地、泾渭河三级阶地，其中以二级阶地分布面积最大，黄土台塬洪积扇仅在灌区的西北边缘分布。地下水一般蓄存于第四系全新统冲积层，地下水埋深大部分为0～20 m，矿化度主要为1～2 g/L，其次为2～3 g/L，局部区域为3～5 g/L。地下水的水化学类型主要以重碳酸盐水为主，三原县以东的坡西镇以及高陵县城区一带以硫酸盐水为主，水质较差，泾阳、三原、高陵等区域地下水氟含量较高。

因灌区特殊的地质地貌特征，人类活动(灌溉和开采地下水)对地下水位变化的影响比较大，灌区自开灌以来的地下水位动态变幅见表4-10。从表4-10中可以看出，泾惠渠灌区有发生土壤盐渍化的隐患，又有地下水超采的可能。

表 4-10 泾惠渠灌区地下水位变幅

年份	地下水位变幅	备注
1970～1985 年	+(0.5 ～1.0 m)	由于引用地表水灌溉，排水措施跟不上，地下水位上升幅度大，局部出现明水，土壤发生了次生盐渍化
1985～2002 年	-(0.5～1.0 m)	完善了排水系统，加强了灌溉管理，农业产业结构调整后地下水开采量增加，地下水位回落，土壤盐渍化消失。但近年来，灌区经济发展迅速，过度开采地下水，地下水位下降幅度大，灌区局部地区已成为地下水超采区

3. 交口抽渭灌区

该灌区地处渭河下游，属于古三门湖沉积区，地形西北高、东南低，中部固市一带地势最为平坦，形成槽型洼地。地下水位埋深较浅，90％的面积地下水埋深为 0～20 m，地下水矿化度大部分为 1～2 g/L，其次有近 1/3 的面积为 2～3 g/L、3～5 g/L 和大于 5 g/L。灌溉工程运行后，在 20 世纪 70 年代，曾出现过大面积明水及土壤盐渍化。随着灌区排水系统的建立，有效地降低了地下水位，遏制了土壤盐渍化的发生。但是，由于灌区特有的地质地貌特征，如遇雨涝年份，势必会造成地下水位上升，有再次出现土壤盐渍化的可能。

4. 洛惠渠灌区

该灌区地处黄河、渭河、洛河三水汇流而成的河谷阶地。地势西北高、东南低，区内分布有张家洼、贺家洼、斯罗崖、盐池洼、卤泊滩、晋王滩、大壕营等槽型洼地。区内地下水含水层厚，运动迟缓，交替困难。地下水位埋深较浅，80％以上的面积地下水埋深在 0～20 m 之间。地下水矿化度主要为 1～3 g/L，其次为 3～5 g/L，有少量大于 5 g/L，高矿化度面积在逐渐减少。灌溉工程运行后，在 20 世纪 70 年代，曾出现过大面积明水及土壤盐渍化现象。随着灌区排水系统的建立，有效地降低了地下水位，已遏制了土壤盐渍化的发生。但是，由于灌区特有的地质地貌特征，如遇雨涝丰水年份，会造成地下水位上升，也有再次出现土壤盐渍化的可能。

5. 冯家山灌区

该灌区位于渭北塬区南缘关中盆地的西部，由三个地貌单元组成，北部山前洪积扇，南部黄土塬区，夹于其中的千河、韦水河阶地，其中分布有大小不同的塘库。地下水埋深东部为 20～50 m，中西部为 5～80 m，地下水矿化度一般小于 1 g/L，水质良好。近年来，由于过量开采地下水，灌区东部地区地下水位年平均下降 0.5 m 左右，部分地区形成了地下水超采区。

(三) 拟采取的措施

针对宝鸡峡、泾惠渠、交口抽渭、洛惠渠和冯家山灌区存在土壤盐渍化和地下水超采问题的可能，对相关区域要进行地下水监测工作，通过地下水的动态分析，防患于未然，及时采取措施，有效控制地下水变迁。

在可能发生土壤盐渍化的区域，如果地下水位呈明显的上升趋势，必需加强工程和管理措施：完善灌区的排水系统，加强灌溉管理，采取小畦灌、小定额的非充分灌溉等手段，减少灌溉渗漏对地下水的补给量。在可能发生地下水超采区域,如果地下水位呈明显的下降趋势,一是加强宣传,让当地老百姓及有关部门认识到地下水超采的危害性,自觉减少地下水的开采量;二是及时发布监测预警信息,以引起有关主管部门的重视,采取措施控制地下水的开采量;三是加强地下水开采的行政管理措施,增收地下水开采水资源费,用经济手段刺激地下水开采量的减少;四是采取地表水回灌措施,补给地下水。

四、水库周边环境及移民

(一)宝鸡峡林家村加坝加闸工程

林家村渠首大坝是宝鸡峡塬上灌区的枢纽工程,位于宝鸡市以西 11 km 处的渭河中游峡谷出口。林家村枢纽工程修建于 20 世纪 50 年代,拦河大坝高 27 m,坝顶高程为 615 m,设计引水流量 70 m^3/s。林家村渠首加坝加闸工程是在原溢流坝面上加高大坝 22.6 m,由原无调节能力的枢纽改变为水库调节枢纽,形成 3 200 万 m^3 的有效库容,年可调蓄水量 1.02 亿 m^3。在正常蓄水位下,水库的回水长度达 14.5 km,淹没范围由坝址至宝鸡县的固川乡政府所在地,涉及 4 乡 9 个村,工程淹没和征用土地 110.52 hm^2,安置移民 217 户 841 人。该工程于 1999 年开工建设,已于 2002 年 6 月底全面完工。

宝鸡峡林家村渠首加坝加闸工程是关中灌区改造项目中最大的大坝建设工程,工程对环境影响分析如下。

(1)人文环境。水库淹没区域内无文物、宗教等文化遗产;移民安置在库区附近,安置区居民的生活习惯、民族宗教、语言环境无明显差异。因此,对库区人文环境没有影响。

(2)生态环境。因水库淹没区域内无矿产资源、珍稀动物和特殊植被,因此对生态环境没有影响。

(3)水库岸坡稳定。该水库库岸长 22.4 km,其中基岩型库岸长 14.2 km,松散型库岸长 8.2 km。基岩型库岸由巨厚层砂砾岩、中厚层砂砾岩等组成,蓄水后不会引起塌岸。

(4)水库周边绕渗及地下水。因库区两岸山体雄厚,地形封闭,无单薄分水岭,两岸泉水高程 640～710 m,虽有断层通过,但断层带多处有泉水出露,高程为 650～685 m,高于水库水位,因此不存在绕渗问题。区域内水文地质条件简单,地下水类型主要为基岩裂隙水和第四系孔隙水,以泉水形式沿河谷两岸出露,向沟谷排泄,因此地下水排泄条件良好,水库蓄水后不会造成地下水位上升。

(5)工程影响。水库蓄水后对库区内的西安—兰州铁路过沟填方段有一定影响,回水浸润威胁路基安全。工程建设中,已由相关部门对路基采取加固处理措施,铁路的安全隐患能够得到消除。

(6)库区移民。这是该工程对环境的最大影响,水库淹没影响涉及宝鸡县 4 乡 7 村 11 个村民小组,需要安置移民 217 户 841 人,其中外迁安置 335 人,后靠安置 506 人(其中生产安置 282 人),淹没和征用各类土地 110.52 hm^2。为了解决好土地征用和移民安置问题,项目办编制了一份详细的《移民安置行动计划》,该计划针对移民安置工作的特点,从组织机构、安置方案、安置资金等方面,进行了详细的部署。主要措施:一方面是给予搬迁群众一定的经济补偿,划拨专款建设移民新村,帮助移民安居和恢复生产;另一方面是做好环境保护的指导工作,保护移民区环境不受污染。2003 年年底已经完成了移民安置工作,通过相关配套工程的实施,改善了移民区的生产和生活条件,保证群众生活水平不低于安置前的水平。另外,项目办又委托河海大学移民监测中心对移民安置工作进行了独立监测评估。2003 年 10 月的《移民安置独立监测评价报告》从移民安置计划、移民公众参与、移民资金管理、移民安置方案、移民社会整合、移民收入等 11 个方面,对移民安置工作进行了全面的评价。该评价报告认为:移民安置的目标已基本实现。但对移民集中安置区的生活水源水质必须进行消毒处理和定期监测。

(7)库区卫生防疫。修建大坝后,库区可能有动植物的残留物等有机质,因此水库蓄水前已对其库区进行了清理和消毒。

(二)宝鸡峡泔河水库枢纽改造工程

泔河水库位于礼泉县城北泔河与小河汇流处,距县城 3.5 km,宝鸡峡灌区西干四支渠由坝顶通过,是灌区渠库结合工程中最下游的一座水库。水库主要功能是灌溉,同时兼作防洪、养殖等。本次改造工程的主要内容为:加固原土质大坝;衬砌坝顶渠道及安设大坝监测系统;改建原溢洪道及输水洞;拆除并重建溢流堰,在新堰堰顶加设四孔工作闸门。使水库正常蓄水位由原来的 541 m 抬高到 544.50 m,比正常蓄水位抬高了 3.5 m。在正常蓄水位下,水库的回水长度为 7.1 km,其中泔河段长 4.9 km,小河段长 2.2 km,净增加水面面积 52.93 万 m^2。该工程于 2003 年 5 月开工建设,计划于 2004 年 6 月底全面完工。

该工程对环境影响分析如下:

(1)水库淹没。泔河水库枢纽是 1972 年建成并运行的,本次改造工程没有改变水库的最高设计蓄水位,只是抬高了正常挡水位 3.5 m,库区内无居民点和大片农田,同时也无矿产资源和珍贵保护类动植物,所以该工程对生态环境没有影响。由于库区水面面积增加,造成了礼泉、乾县两县 16 村 57.13 hm^2 的土地被淹没。淹没土地的补偿工作,将按照世界银行批准的《泔河水库征迁实施计划》进行实施,项目办根据项目实施进展情况,定期撰写专项《泔河水库移民征迁工作进度报告》。

(2)水库浸没。泔河水库两岸台塬面平坦,地形北高南低、西高东低,塬面高程 550~650 m,塬面高出库水位 5.5~6.5 m,塬区地下水位埋深 9.8~12.0 m,根据《陕西灌区水资源评价及渍涝防治研究报告》可知,该区地下水的毛细上升高度为 2.5~3.0 m,因此水库两岸不会产生浸没问题。

(3)工程影响。对库区的 14 座抽水站、小河公路等工程有不同程度的影响。《泔河水库征迁实施计划》中的淹没补偿措施已经考虑了 14 座抽水站防护加固、小河公路护坡砌护、罗家坝加固等专业迁建。

(4)岸坡稳定。根据野外调查,库区水下波浪蚀坡为 38°~42°,库水位抬高后,部分河岸将会产生新的塌岸。塌岸河段主要分布在小河沟的小河杨家至新寨村,泔河右岸的东徐村、西徐村、河范沟村等河段。库区塌岸主要为沿河右岸近坝 5.0 km 范围内及小河左、右岸距坝 2.0 km 范围内。总塌岸方量约为 242 250 m^3。因此,在水库蓄水运行后,管理单位要对该河段及库区段河岸加强检查监测和预警工作。

(三)桃曲坡灌区水库溢洪道加闸工程

桃曲坡水库位于渭北石川河支流沮河下游,坝址距耀县县城西北 15 km,是以灌溉为主，兼有城市供水、防洪等综合利用的中型水库。本次工程的主要内容为：加固原钢筋混凝土溢流堰，并在堰顶上加设七孔工作闸门，保持水库的最高水位不变，使正常蓄水位由原来的784.0 m抬高到788.5 m(抬高4.50 m)，有效库容由原来的3 250万m^3增加至4 280万m^3，年可增调水量1 247万m^3。在正常蓄水位下，水库的回水长度为6 km。该工程于1999年开工建设，2002年12月底已全面完工。

该工程对环境影响分析如下：

(1)水库淹没。桃曲坡水库原设计校核洪水位为790.5 m，设计洪水位为788.9 m，正常蓄水位为784.0 m。桃曲坡水库溢洪道加闸工程，校核洪水位为790.5 m，设计洪水位为788.54 m，正常挡水位为788.50 m，比加闸前抬高了4.5 m，项目实施后水库的特征水位都低于或相当于加闸前的相应标准。桃曲坡水库枢纽于1974年建成并运行，经过几十年的运行，已形成了比较稳定的库区环境，库区内无居民点和大片农田，无矿产资源及文物古迹，又无珍惜保护类动植物，淹没的土地在水库初建时已征用，因此桃曲坡水库溢洪道加闸工程没有库区淹没。

(2)水库浸没。桃曲坡水库蓄水多年，水库挡水位抬高引起的浸没现象不会影响到农作物生长及建筑物的安全。

(3)岸坡稳定。桃曲坡水库已运行多年，库岸已基本稳定。

(四)洛惠渠渠首大坝加固改造工程

洛惠渠灌区地处关中东部，北洛河下游大荔、蒲城、澄城三县约750 km^2的区域内。洛惠渠渠首大坝加固工程是对原溢流坝体外包混凝土进行加固，增设三孔冲沙底孔，使溢流坝坝顶高程增加0.5 m，形成约70万m^3的有效库容，达到平抑稳定引水流量、改善渠首引水条件的目的。

该工程对环境影响主要是工程占地，共占用土地5.18 hm^2，其中永久占地3.93 hm^2，临时占地1.24 hm^2。在《洛惠渠渠首移民征迁实施计划》中，已经考虑了淹没补偿措施。

五、农业生态变化

关中灌区改造工程世界银行贷款项目涉及三个引水工程——宝鸡峡加坝加闸、桃曲坡水库溢洪道加闸及“引冯济羊”工程，共增引水量1.44亿m^3。灌溉水量的增加，有可能引起项目区作物种植结构、化肥用量、农作物病虫害、草害、农药用量及土壤质量等农业生态环境部分要素的变化。

(一)作物结构布局

关中灌区农业生态系统中充沛的光热资源，使其成为陕西省粮、棉、油主要生产区，但由于该区水资源欠缺，作物产量水平时高时低，极不稳定；作物布局结构不合理，品种单一，生产效益不高，影响了农民生产积极性，制约着地方经济发展。

生物是生态环境的主体，任何环境要素的变化，必然首先明显地体现在区域生物群落与结构的变化上。对景观学与农业生态学原理与方法进行了调查与系统分析，得出关中灌区改造工程项目启动与实施后，对本区作物结构布局调整产生了积极的影响(见表4-11)，水资源的合理配置，使过去“以粮为纲”的生产模式逐渐转变为粮、棉、油、菜、果、花卉等多种经营栽培模式，为地方经济的发展和农民脱贫致富产生了明显的促进作用。

表 4-11 关中地区主要农作物播种面积及产量变化统计

年份	粮食作物		油料作物		蔬菜		果树		平均复种指数
	面积（万 hm^2）	单产（kg/hm^2）	面积（万 hm^2）	单产（kg/hm^2）	面积（万 hm^2）	单产（kg/hm^2）	面积（万 hm^2）	单产（kg/hm^2）	
1998	203.5	4 738	8.97	7 140	11.64	27 312	37.83	372.48	135.87
1999	208.6	4 392	10.83	5 915	13.66	26 549	26.549	431.05	30.89
2000	201.66	4 403	12.09	7 078	14.3	26 764	34.03	423.5	33.8
2001	189.15	4 316	10.6	7 480	15.49	16 938	62.06	422.14	140.60

从表 4-11 可以看出,1998～2001 年,关中灌区农作物结构布局发生了明显的变化。粮油作物种植面积基本稳定,作物的复种指数却明显提高,作物产量增加显著;具有高附加值且耗水量较高的蔬菜种植面积增加明显;由于气温、光照和土壤条件影响,除石堡川灌区外,关中灌区并不是苹果优生区,果品种植结构有所调整,苹果种植面积有所减少,梨、桃和猕猴桃等杂果种植面积有较大增加。在一些地市,果树总种植面积有所减少,但果品产量却大幅度提高;设施栽培、反季节种植面积在近年来增长非常快,花卉生产也有了明显的发展。说明关中灌区农业生态系统中生物结构向更加多元化的方向发展。

(二)灌区土壤环境

1.土壤类型及属性

关中灌区主要土壤类型为受人为长期培肥活动影响非常明显的塿土土壤(分类定名为褐土),它主要分布在关中盆地和黄土台塬区;其次还有少量的黏黑垆土,分布在桃曲坡灌区的铜川耀县北部、石堡川灌区的合阳县北部地区;在一些坡耕地或人为取过土的地方零星分布有黄墡土;在河滩地分布有潮土;地势低洼处分布着盐土和盐化土(主要在交口抽渭灌区和洛惠渠灌区的蒲城、大荔和渭南局部地区,少量分布在泾惠渠灌区的三原、高陵)等。

灌区土壤呈微碱性,pH 变化在 8.0 左右,土壤贫瘠,有机质在 1%左右,阳离子交换量(CEC)变化在 7.8～10.5 cmol/kg 之间,保肥性能属中等水平。近年来土壤氮素普遍缺乏,磷素有所累积,钾素严重不足,在一些地区微量元素供应匮乏,作物营养元素比例失调,成为制约农作物生长和农产品品质的障碍因素。另外,除河滩地外,绝大部分地区土壤质地变化在中壤质到轻黏土之间。土壤田间持水量变化为 22%～25%,萎蔫系数为 9%～12%,土壤保墒性能较强。

据全国第二次(1990 年)土壤普查资料进行分析后得出(见表 4-12):水资源欠缺是制约关中地区乃至陕西省生态环境建设和农业生产的主要障碍因素。在关中灌区,干旱缺水面积和土壤盐化面积仍然占据一定的比例。特别是有限的自然降水常常与作物的生育期不相协调,使得土壤生产力长期徘徊在较低水平。在关中地区改造水利设施,优化调配水资源,是充分发挥地区光热等自然资源,挖掘生产潜力,促进农业生产持续发展和生态环境协调发展的根本途径。

表 4-12　关中灌区土壤主要障碍因素分析与统计

（单位：万 hm^2）

区域名称	盐碱危害	干旱缺水	低洼易涝
西安市	0.004	10.363	0.165
铜川市	—	10.944	—
宝鸡市	0.015	40.303	0.524
咸阳市	0.058	28.677	0.615
渭南市	2.611	44.495	2.966
关中地区	2.688	134.782	4.270

2. 土壤质量

土壤物理性质受到一系列包括灌溉在内的农业生产活动和许多环境因素的强烈影响。如果灌溉措施不当，会导致土壤板结，紧实度明显增加，土体僵硬，通气透水性能降低，制约水分入渗和气体交换，产生地面径流，增加了土壤侵蚀，限制了作物根系下扎，降低了作物抗逆性能等。为此，对项目实施前后的与灌溉有密切关系的土壤容重、土壤结构和土壤水分入渗系数等分别进行对照分析，掌握本项目对土壤物理性质产生的作用与影响。

土壤容重是反映土壤松紧度的指标之一，通过对关中灌区 52 个点耕层和底层土壤容重监测资料分析得知，底土层土壤容重略比表层高，变化幅度较小。但下土层土壤容重与常年监测的未经灌溉土壤容重相比，几乎没有明显差异，见表 4-13。

表 4-13　土壤容重变化

（单位：g/cm^3）

区域和耕层		容重变化范围	平均值
灌区（2003 年）	土壤耕层 0～20 cm	1.20～1.55	1.365±0.15
	底土层 20～40 cm	1.35～1.58	1.42±0.09
非灌区（常年）		1.20～1.55	

不合理的灌溉常常破坏土壤团粒结构，使土壤密实板结。一般认为直径在 10～0.25 mm 稳定性团聚体是农业生产上较为理想的结构体，常以干筛测定 10～0.25 mm 团聚体含量和在水中湿筛测定的 5～0.25 mm 稳定性团聚体含量作为土壤质量评价的依据。我们对关中灌区灌溉水平不同的 25 个土壤耕层样品进行结构分析得到：用干筛法测定的结果是 10～0.25 mm 团聚体含量变化在 89.11%～90.66%之间，均重直径（MWD）3.27～4.21；用湿筛法测定的结果是 5～0.25 mm 水稳性团聚体含量为 17.43%～18.91%。表明土壤有机质含量是影响土壤结构的主要因素，而灌溉与否并没有明显差异。土壤渗透系数监测结果见表 4-14，项目实施前和实施中也未发生明显变化。

表 4-14 灌区土壤类型及主要物理性状

土壤基本性质	褐土		潮土		淤土		盐化土	
	1999 年	2003 年	1999 年	2003 年	1999 年	2003 年	1999 年	2003 年
容重(g/cm^3)	1.42	1.41	1.55	1.53	1.45	1.44	1.50	1.48
质地类型(0～100 cm)	轻－中壤土		轻黏－重黏土		黏质砂土		黏砂－中壤土	
渗透系数(mm/h)	7.5	7.5	3	3	5	5	5.5	5.5
面积(km^2)	544.3		143.0		40.0		22.7	
占总面积(%)	72.6		19.1		5.3		3	
分布区域	二、三、四级阶地		阶地边缘和洼地周边		一级阶地		低洼地	

进一步对影响该地区土壤容重和结构的因素进行相关分析表明,在诸多影响因素中,对本区土壤容重和结构影响最为显著的因素是土壤中有机物质含量,其中土壤容重与有机质含量之间具有显著线性负相关关系,线性方程为 $Y=-0.0326x+1.8217$[1],相关系数 $R=-0.7614^{*}$,达到显著水平。而其他诸如灌溉、作物类型等因素均未达到显著性标准。说明只要坚持合理用水,科学灌溉,可以避免灌溉对土壤基本物理性状产生明显的影响。

3.灌区盐碱化土壤面积

据 1990 年第二次全国土壤普查资料分析,陕西省共有盐碱土壤面积 6.7 万 hm^2,其中碱化土壤主要分布在陕北榆林黄河沿岸各县市,而关中灌区土壤主要为程度不同的氯化物——硫酸盐盐土或盐化土壤,共计 2.7 万 hm^2,约占全省盐碱土壤总面积的 40%。关中灌区盐土比较集中地分布在咸阳和渭南两个地市,其中渭南有 2.611 万 hm^2,咸阳有 0.058 万 hm^2,西安、宝鸡也有少量零星分布。

经调查,在本项目执行期间,关中灌区盐碱土壤面积略呈下降趋势(见表 4-15)。

表 4-15 项目区盐土面积调查 (单位:万 hm^2)

地区	第二次普查资料	2002 年调查资料
陕西省	6.708	6.706
西安市	0.004	0.004
宝鸡市	0.015	0.015
咸阳市	0.058	0.056
渭南市	2.611	2.601

说明灌区水资源合理配置,改善了作物布局,促进了农作物生长发育,增加了植被覆盖度和覆盖季节,降低了土壤返盐概率,同时,科学灌溉有助于土壤洗盐。典型灌区地下水矿化度和地下水位变化情况见表 4-16。从表 4-16 可以看出,灌区地下水质开始淡化,

[1] Y 代表土壤容重,x 代表有机质,$r_{0.05}=0.707$,$r_{0.01}=0.834$。

地下水位有所降低。

表 4-16　交口抽渭灌区地下水变化情况调查

矿化度			地下水深度		
分级(g/L)	面积(万 hm^2)		分级(m)	面积(万 hm^2)	
	1998 年	2002 年		1998 年	2002 年
0～1.7	3.04	2.32	0～2	0.19	0.07
1.7～3.0	3.25	3.36	2～5	3.54	2.81
3.0～5.0	2.11	1.74	5～10	3.80	3.49
>5.0	零星分布	0.057	>10	0.073	0.161

4. 土壤盐分含量

关中灌区除大荔县卤泊滩(地势低洼)表层土壤含盐量有时高于 1% 以外,其他地区农田表层土壤季节最大积盐量一般均在 1% 以下,对作物生长也产生了明显的影响,绝大部分地区土壤属于轻度盐化土壤范围。近年来典型灌区土壤盐分情况见表 4-17。

表 4-17　春季 0～20 cm 土层土壤积盐量及主要阴离子构成

测定项目	交口抽渭灌区渭南市固市乡		洛惠渠灌区大荔县许庄乡	
	1998 年	2002 年	1998 年	2002 年
全盐量(%)	0.586	0.467	0.298	0.216
SO_4^- (mg/kg)	4 529.5	3 998.4	2 164.1	1 890.7
Cl^- (mg/kg)	331.7	256.8	143.6	121.3

从表 4-17 中可以看出,近年来不仅盐化土壤面积有一定程度减少,而且土壤表层积盐量也有不同程度下降。灌区改造项目的实施,不同程度地减轻了各地盐分对作物生长的威胁,促进了区域生态环境逐渐恢复和良性循环。

(三)化肥用量

关中灌区灌溉引水量增加后,化肥使用量和使用化肥的品种结构也发生了一定变化。近年来,项目区化肥施用情况调查统计结果见表 4-18。

表 4-18　关中灌区肥料施用量统计　(单位:万 t)

年份	化肥总量	氮肥用量	磷肥用量	钾肥用量	复合肥用量
1998	354.81	181.5	117.5	10.27	35.11
1999	363.83	188.8	118.25	11.19	37.56
2000	349.02	183	112.26	13.91	39.83
2001	355.04	180.7	109.77	12.98	41.03
2002	356.28	180.1	108.7	13.62	43.13

从表4-18不难看出,在项目执行期间(1999～2002年度),关中灌区化肥使用总量比1998年有所增加,但灌区氮肥和磷肥用量有增有减,这主要是由于钾肥用量和复合肥用量增加显著所造成的。说明所增加的化肥总用量是依据生产实际进行了化肥品种结构优化的缘故。农业种植结构调整,果树、蔬菜和花卉等高济附加值作物种植面积增加,对化肥品种,特别是影响农产品品质的钾素供给有更高的要求。所以,灌区改造工程项目的实施不可能出现因为化肥施用量增加而产生不良的环境效应。

(四)农作物病虫害

1. 主要农作物有害生物优势种群的演替情况

关中灌区的主要农作物有小麦、玉米、苹果、蔬菜、棉花及其他经济作物。根据对项目区5地(市)的监测资料统计分析,灌区改造工程项目实施以来,主要农作物上所发生的有害生物优势种类并未发生明显的变化,与项目实施前的情况基本相似,其主要有害生物详细情况见表4-19。

表4-19 关中灌区农作物有害生物种群调查统计

作物	病害	虫害	草害	其他
小麦	条锈病、白粉病、赤霉病	麦蚜、麦叶螨地下害虫(主要是沟金针虫)、小麦吸浆虫	刺儿菜、播娘蒿、离子草、离蕊芥、麦仁珠、荠	大仓鼠、褐家鼠、黑线姬鼠
玉米	大斑病、小斑病、丝黑穗病、粗缩病毒病	玉米螟、粘虫、玉米蚜、地下害虫(春播玉米田金针虫发生严重,夏播玉米田蛴螬发生严重)	铁苋菜、苣荬菜、蓼、打碗花、狗牙根	大仓鼠、褐家鼠、黑线姬鼠
苹果	腐烂病、早期落叶病、病毒病	桃小食心虫、苹果叶螨、苹果黄蚜、金文细蛾、卷叶蛾类(主要是小卷叶蛾、黄斑卷叶蛾,其次是黑星麦蛾或梨星毛虫)	马唐、狗尾草、牛筋草、铁苋菜、香附子、白茅、小白酒草	
蔬菜	黄瓜霜霉病、番茄疫病、番茄病毒病	菜青虫、小菜蛾、菜蚜(主要是桃蚜和甘蓝蚜)、美洲斑潜蝇和南美斑潜蝇、温室白粉虱	牛筋草、早熟禾、马齿苋以及藜属杂草等	
棉花	苗期病害、枯萎病、黄萎病	棉蚜、棉铃虫、棉叶螨	马唐、毛马唐、狗尾草、谷莠子、藜、牛筋草、无芒稗、龙葵、香附子	
其他经济作物	油菜菌核病、油菜病毒病、花生病毒病、烟草病毒病等	油菜蚜虫(主要是甘蓝蚜和桃蚜)、大豆蚜、大豆食心虫、花生蚜、烟蚜、棉铃虫、烟青虫、棉红蜘蛛、地下害虫	播娘蒿、婆婆纳、繁缕、马唐、狗尾草、牛筋草、铁苋菜、反枝苋、香附子、大画眉草、刺儿菜	大仓鼠、褐家鼠、黑线姬鼠、兔子

2.农业有害生物发生与防治情况

在项目执行期间对关中灌区农业有害生物总体发生情况进行了统计与分析，并以此为背景分析关中灌区农业有害生物发生和危害程度。1998～2002 年项目区农业有害生物发生与防治面积情况详见表 4-20。

表 4-20　关中灌区农业有害生物发生与防治面积　（单位：万 hm^2·次）

年份	病害面积		虫害面积		草害面积		鼠害面积		合计	
	发生	防治	发生	防治	发生	防治	发生	防治	发生	防治
1998	135.63	126.99	359.11	334.71	96.40	61.36	35.14	14.62	626.28	537.68
1999	158.43	157.82	335.08	345.88	87.72	85.92	35.47	18.87	616.70	608.49
2000	103.66	128.63	294.35	300.20	62.31	43.28	13.33	9.00	473.65	481.11
2001	128.20	114.20	401.09	377.78	102.47	77.52	31.00	16.48	662.76	585.98
2002	200.54	162.17	352.67	270.70	97.54	62.30	24.67	19.12	675.42	514.29

从表 4-20 可以看出，农作物病害的发生与防治面积在不同年份之间差异很大，最轻的 2000 年的发生面积仅是最重的 2002 年发生面积的 51.69%；防治面积最小的 2001 年仅是最大的 2002 年的 70.42%。农作物虫害的发生与防治面积有同样趋势，在年度间变化无明显规律性。因此，农作物病虫害发生与灌区改造项目无直接联系，与年际间的气候以及作物结构、种植面积等有直接关系。

3.农药使用量和销售量

灌溉条件的改善无疑会对农业有害生物的发生与危害产生不同程度的影响，对一些有害生物的发生可能产生正面的影响，对另一些有害生物的发生可能产生负面影响，这个过程是缓慢而持久的一个动态过程。近年来，项目区内各地县农药销售量在各地年度之间变化很大，与作物病害发生规律基本一致，其次还与农业产业结构的调整有很大的关系。果树大面积种植后，蔬菜、瓜果等其他经济作物栽植面积也显著增加，以及设施农业面积的扩大，将使农药的使用量有所增加。

（五）水体富营养化

水体富营养化是指含有氮、磷等营养物质的污水或地表水、地下水等汇聚进入江河湖泊，使水体中的自养型生物旺盛生长，某些藻类个体迅速增加，水体溶解氧下降，破坏了水的溶解养平衡，使水质恶化，导致水生生物大量死亡。天然富营养化是湖泊水体生长、发育、老化直至消亡的必经之路，但这一过程是其缓慢的，常常需要以地质年代或世纪来描述其进程。但是，人类活动大大加速了这一进程，使水体在短时间内由贫营养转化为富营养。

关中灌区改造项目增加了灌溉引水量，扩大了灌溉面积，存在着土壤中易溶性氮、磷、钾等营养成分或因地面径流，或被淋溶带入地下水中，由排水系统汇聚排入下游河源水体，使水体富营养化蕴藏潜在危机。但是，关中灌区是一个缺水地区，地面平整，坡度很小，基本采用了垄畦整地，发生地面径流几率很低。近年来灌区灌溉引水量呈现下降趋势，补充地下水的量也很有限。所以，因灌溉而排入河源水体的水量就极小，加之各河流汛期洪水流量大,流速快,且河道比降较陡(一般大于1.5/1 000),河道本身没有自养型生物生长的环境,因此不存在养分流失产生富营养化问题。另一方面,据研究资料显示,关中地区在雨季土壤硝态氮淋溶可能深度为60 cm,雨季过后又因较强的蒸发作用上升到根区,逐渐被作物吸收和利用,因此现有生产和管理水平条件下,不再存在地下水富营养化——"肥水井"问题。

综上所述,关中灌区改造项目的实施,调整了水资源分配,为作物布局的调整与改善提供了保证条件,局部地区土壤盐渍化减轻,生态环境和社会环境得到明显的改善,正步入良性循环轨道,初步体现了工程的社会效益、经济效益和生态效益。说明关中灌区改造项目对农业生态的影响是积极的,但是在项目实施和运行期间,还要关注农业生态变化的情况。

六、卫生防疫

关中灌区改造项目卫生防疫范围,主要包括施工营地和移民安置区。因为灌区改造项目工程规模都相对较小、施工地点分散、不涉及环境敏感区,只要采取一定的保护和防护措施,对施工人员和项目区群众的健康不会带来大的影响。在项目实施中,必须对施工区和移民安置区的卫生防疫及公众健康给予关注。

七、施工期环境影响

至2003年9月,关中灌区改造项目剩余工程规模都相对较小、施工地点分散、不涉及环境敏感区,施工期间产生的不利环境影响都是可预见的、局部的和短时的。因此,只要加强施工过程中的管理和监督,均可使施工带来的不利环境影响降低到最低或可接受的程度。施工期主要环境影响有以下几点。

(一)施工对灌区灌溉的影响

由于灌区改造工程是对灌区已有工程设施进行加固处理,加之灌区供水能力不足,灌溉运行期较长,绝大多数工程需要一边灌溉运行,一边进行施工。因此,对灌区的渠首工程和灌溉渠系工程进行加固改造施工时,对灌区的正常引水灌溉会产生一定的影响。

(二)废水对环境的影响

施工期的废水主要来源于施工中的生产废水及生活污水。生产废水主要为施工机械、砂石料和施工场地的冲洗废水,混凝土拌和及养护等施工排水和地基开挖时抽排的地下水等,其特点是除悬浮物指标较差外,其他水化学指标均与利用前的指标基本相同。施工期生活污水主要来自施工营地的食堂、澡堂及厕所等,生活污水的特点是一般不含有毒有害物质,但有机物和细菌指标含量较高。

(三)固体废弃物的影响

施工期产生的固体废弃物主要包括施工废渣和生活垃圾。工程废渣主要来源于枢纽工程、水源工程改造中的坝面拆除、坝体两岸削坡、基坑开挖以及渠道工程大量的破损混凝土衬砌拆除、浆砌石拆除、削坡弃土等,因这些均属于一般性建筑物固体废弃物,不含有毒物质。生活垃圾包括施工营地的厨房垃圾、粪便和一般生活垃圾,尽管其不含毒素,但是它们是各种病原微生物的孳生地,可以形成病原体型污染。

(四)施工噪声

工程施工期的噪声源主要为动力施工机械产生的噪声。灌区改造工程施工地点大部分在人群相对分散的农村,并且位于山区和偏僻地带,地势开阔,距离居民生活点较远,噪声、废气、粉尘的扩散条件较好,对区域环境空气质量影响不太严重。

(五)施工粉尘

施工期空气污染源主要为施工拆迁、地面开挖、渣土堆放运输、原材料运输过程中产生的扬尘和排放的尾气。此外,施工人员生活排放的烟气,对周围环境也产生影响。

(六)水土流失

灌区改造工程施工过程中,无论土、石料采集和加工作业,还是渠堤、涵闸、大坝等边坡开挖,均有可能发生边坡失稳、滑坡或坍塌,造成一定限度的水土流失。

(七)公众健康

灌区改造工程施工过程中,施工队伍流动性很大,因施工过程产生的粉尘、噪声和施工营地卫生条件、地方流行病等,可能会给施工工人和影响区群众的健康造成不利影响。

(八)已有建筑物的安全

灌区改造工程是对已有灌区的工程进行加固改造,因此在施工过程中可能会对已有工程建筑的安全造成影响。

八、管理措施

对于以上涉及到的重点关注的环境问题的管理,就是针对这些问题对环境可能造成的影响,提出环境管理手段及预防措施,使其对环境的不利影响降低到最小或可接受的程度,详见表 4-21。

表 4-21　重点关注环境问题管理措施一览

重点关注问题	可能对环境造成的影响	监测管理手段	结果处理
增加水量对下游水资源的影响	在枯水期可能造成渭河林家村至清姜河 5 km 河道断流	定期调查分析	按地方上有关生态用水规定及时补水
供水和工程安全	有污染源的局部渠道可能存在水污染	灌溉期进行水质监测	如监测结果不合要求,采取①加大灌溉引水量,淡化水质,使其符合要求;②及时向政府有关职能部门报告
土壤盐渍化和地下水超采	宝鸡峡等五个灌区有发生土壤盐渍化和地下水超采的可能	对宝鸡峡等五个灌区地下水进行监测	在可能发生土壤盐渍化的区域,地下水位明显上升:加强排水、减少灌溉水量;在可能超采区域,地下水位明显下降:加强宣传,使有关方面自觉减少开采量、及时发布监测信息,引起有关主管部门的重视
水库周边环境	塌岸	定期检查观测	如塌方量加大,及时预警、采取护岸等加固措施

续表 4-21

重点关注问题	可能对环境造成的影响	监测管理手段	结果处理
施工期环境	污水、弃渣、粉尘、噪声等	实施《施工期环境管理规定》*	出现问题按《施工期环境管理规定》处理
农业生态变化	影响不明显	定期调查分析	发现问题及时采取措施
水体富营养化	没有影响		
公共健康	没有大影响	定期调查分析	发现问题及时报告并采取措施

注：* 全称为《陕西省关中灌区改造工程世界银行贷款项目施工期环境管理规定》。

第四节　灌区改造项目环境影响小结

如前所述，灌区改造项目是在已建成并运行多年的工程设施基础上，针对灌区的库、坝、闸等病险建筑物、高填方与高挖方危险渠道、渗漏严重的渠道等险工险段进行除险和改造，配套田间工程，改造中低产田，使灌区继续发挥效益，持续健康地发展。

通过对灌区运行和关中灌区改造项目环境影响分析可知，灌区改造项目环境影响，关键是要看由于项目的实施，灌区灌溉引水量是否发生变化。如图 4-4 所示，灌溉引水量增加，可能加高大坝，会对水库周边环境、河道下游水资源、区域农业生态、移民征迁等存在影响。其次，还要从项目的可持续性方面考虑项目对环境的影响，如大坝安全、灌溉水质安全、土壤盐渍化、地下水超采等。第三，项目施工期对环境的影响。灌区改造项目环境影响可归纳总结为以下几个方面。

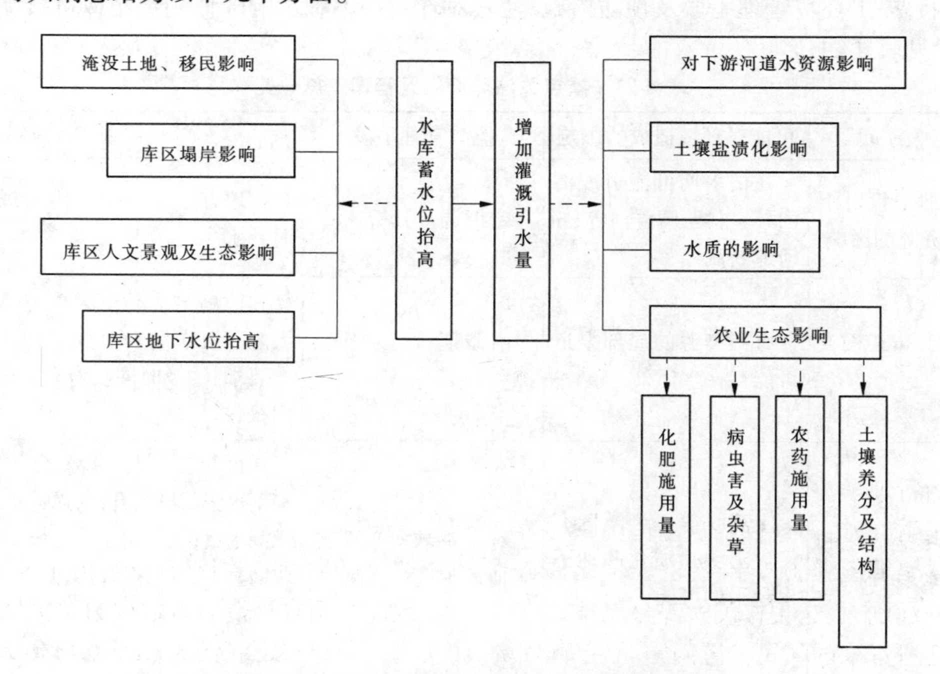

图 4-4　灌区灌溉引水量增加的环境影响因素

一、灌区改造项目对环境的主要影响分析

(一)增加灌区灌溉引水量,对下游水资源影响

一方面是对渠首工程进行加固改造,增加水库的调蓄能力和灌区的灌溉引用河道径流水量,有可能引起上游水资源的重新分配,相应地减少下游水资源量,也减少了下游河段的纳污能力,可能使水质变差,不利于水生生物的生长。河道流量减小,使其携沙能力下降,河床可能产生淤积,影响河道泄洪能力。对灌区的水量要重新进行水量平衡计算,计算过程一定要考虑灌区和河道的生态用水。需要回答以下问题:多引的水量从何而来,对原来用水户的影响程度以及减缓、恢复和补偿措施,原用水户是否能接受;对下游河道水资源有什么影响,能否保证下游河道的生态用水量;多引水量的水质是否符合农业灌溉水质标准,用来灌溉后,会不会造成其他新的环境问题等。

另一方面是改造机井灌区的基础设施,提高了地下水资源的利用率,有可能造成地下水的超采,破坏灌区地下水资源的平衡。一定要回答:多开采的地下水量,是否引起区域地下水位的急速下降,造成地下水超采,引起其他新的环境问题;地下水的矿化度、水质、pH 值等化学指数是否符合农业灌溉水质标准等问题。

(二)土壤盐渍化

灌溉到农田中的水,主要有四个去向:一部分由于太阳强烈照射,蒸发到大气中;一部分被植物吸收;一部分保持在耕作土壤层中;一部分渗透到地下潜水层中。被植物吸收利用的水和保持在耕作土壤层中的水是有益的,是农业增产所需要的。入渗到潜水层中的水,补给了地下水,使地下水位升高。地下水位上升后,如果灌溉方式、灌溉制度不合理,排水工程不完善,地下水有可能会上升到临界水位以上。这种情况下,在太阳强烈的照射下,具有较高矿化度的地下水沿土壤毛细管上升至耕作土壤层,水分从地面蒸发后,矿化物盐类便残留在耕作土壤层中,当达到一定数量时,就导致土壤盐渍化。另一方面,即便是水质良好的地下水,其水位上升到一定程度后,也会影响土壤的通气性,抑制作物生长。因此,增加地面灌溉引水量后,灌区的地下水位不断上升和土壤盐渍化是灌溉工程对环境潜在的不利影响,必须给予足够的关注。

(三)工程占地和移民

占用土地(或拆迁、移民)是灌区改造项目的最大环境问题。工程占地包括永久占地和临时占地,造成当地土地资源损失和破坏,并可能影响和破坏地面植被。一些需要改建和扩建的工程必须征用一定数量的土地,而且这种影响是不可逆的,也就是说,这些土地被占用后,不可能再恢复,势必造成耕地及植被的减少;工程在施工过程中,也要征用一定数量的耕地来建设施工临时仓库、料场、加工厂、道路、生活营地等,这些都是临时用地,工程完工后,经过处理可以复垦利用。

在渠首工程改造中,有的大坝要加高,水库库容要增加,势必会涉及到土地淹没、搬迁移民的问题,且这类移民大部分属于非自愿移民,因此必须在项目准备过程中解决好因征地拆迁所带来的移民安置问题,制定详细的、切实可行的移民安置计划。确保所有受项目建设影响的人员,能够得到他们全部的损失补偿、合理安置与生产恢复,使他们能分享到项目的效益,使他们的收入水平、生活水平及企业获利能力得到提高或至少维持原有的水

平。移民安置政策的目标是保证项目建设受影响人群能从项目中受益，提高或至少恢复他们以前的生活标准，提高移民收入能力和生活水平，并应特别注意移民中特别贫困人口及脆弱人群（孤寡老人、残疾人、单亲家庭、慢性病人等）的需求。

（四）接纳水体水质

灌溉工程的排水渠道是为防止地下水位上升到临界水位以上而设计的工程设施，是防治土地盐渍化的措施。一般情况下，排水渠汇集的地下水矿化度高，流入接纳水体后，会增加河水的矿化度。

（五）水体富营养化

用河道水灌溉，土壤中的氮、磷、钾营养成分就会溶于水中，并被带入地下水中或由排水排入下游水体，使土地肥力下降，地面水和地下水富营养化。

（六）生态环境影响

水库增加蓄水量后，将抬高正常蓄水位，有可能造成水库周边地下水位上升，土壤发生次生盐碱化；可能会造成库区塌岸、鼠密度的增加；调蓄引用外来水源，可能会引起水介质传染病的发生；不科学的灌溉，可能会影响土壤质量（土壤结构的破坏、土壤板结、养分淋失等）；田间土壤湿度增大，农业病虫害、杂草、鼠害将发生变化，可能会增加化肥、农药的施用量，造成土壤、地下水和农产品的污染等。

（七）施工期的环境影响

灌区改造项目的特点是点多、面广、施工战线长，但施工工期一般比较短，因此施工期对环境的影响是暂时的、局部的，只要加强施工期的环境管理，可以把施工对环境的影响降到最低或可以接受的程度。

1.施工对灌区灌溉的影响

因为灌区改造工程项目，是对灌区已有工程设施进行加固处理，加之灌区供水量不足，灌溉运行期较长，绝大多数项目需要一边灌溉运行，一边进行工程施工。因此，对灌区的渠首工程和灌溉渠系工程进行加固改造，对灌区的正常引水灌溉会产生一定影响。

2.废水对环境的影响

施工期的废水主要来源于施工中的生产废水及生活污水。生产废水主要为施工机械、砂石料和施工场地的冲洗废水，混凝土拌和及养护等施工排水和地基开挖时抽排的地下水等，其特点是除悬浮物指标较差外，其他水化学指标较利用前均无较大变化。施工期生活污水主要来自施工营地的食堂、澡堂及厕所等，生活污水一般不含有毒有害物质，但有机物和细菌指标含量高，生活污水主要为施工人员生活营地的污水，其特点是有机物和细菌指标较高，也不含有毒物质。

3.固体废弃物的影响

施工期产生的固体废弃物主要包括施工废渣和生活垃圾。工程废渣主要来源于枢纽工程、水源工程改造中的坝面拆除，坝体两岸削坡、泄洪底孔基础开挖时废土、石渣，以及渠道工程大量的衬砌拆除、削坡弃土及干支渠道改善中清除淤泥量等，因其属于一般性建筑物固体废弃物，不含有毒物质。但是，改造工程一般来说弃渣量较大，如果处理不当，可能对环境产生不利的影响。生活垃圾包括施工营地的厨房垃圾、粪便和一般生活垃圾，尽管其不含毒素，但是它们是各种病原微生物的孳生地，可以形成病原体型污染。

4.施工噪声

工程施工期的噪声源主要为动力施工机械产生的噪声,施工场地的主要施工机械有挖掘、装载、运输、混凝土拌和/震捣、起吊、机电安装等设备。主体施工期噪声污染源主要来自以下三方面。

(1)稳定声源。各施工区开挖、沙石料加工、混凝土拌和均采用机械化施工,成为稳定的噪声源。

(2)非稳定声源。主要为爆破时产生的瞬时强噪声。

(3)流动声源。主要为机动车辆行驶产生的噪声。

尽管灌区改造工程施工地点大部分在人群相对分散的农村,但是如果不合理安排施工时间,也会干扰居民的生活。

5.施工粉尘

施工期空气污染源主要为施工拆迁、地面开挖、渣土堆放运输、原材料运输过程中产生的扬尘和排放的尾气。此外,施工人员生活排放的烟气,对周围环境也产生影响。因为灌区改造工程大的施工区距离居民生活点较远,多位于山区和偏僻地带,地势开阔,废气、粉尘、噪声的扩散条件较好,对区域环境空气质量影响不太严重。需要注意的是,大气污染多发生于冬季,因为低温条件下废气不易扩散,以及春季大风期间可能产生粉尘的二次污染。

6.水土流失

灌区改造工程施工过程中,无论土、石料采集和加工作业,还是渠堤、涵闸、大坝等边坡开挖,有可能发生边坡失稳、滑坡或坍塌,造成水土流失。

7.公众健康

灌区改造工程施工期施工队伍流动性很大,外来人员出入可能会携带和传播疾病。又因施工过程产生的粉尘、噪声和施工营地卫生条件、地方流行病等,可能会给施工工人和影响区群众的健康造成影响。

8.已有建筑物的安全

灌区改造工程是对已有灌区的工程进行加固改造,因此在施工过程中可能会对已有工程建筑的安全造成影响。

二、环境对项目的影响

项目的环境是以项目为研究主体的外部条件的总和。从辩证法的角度考虑,对项目和其环境而言,应该是矛盾的两个方面,矛盾的两个方面是相互作用、相互影响的,在工程项目对环境产生影响的同时,环境对项目也起到了制约作用,所以环境对建设项目也有一定的影响。

(一)大坝安全

灌区改造项目实施的最终目的是为了更好地发挥已有灌区的效益,保证灌区正常灌溉运行,以促进灌区农业的健康、稳定和持续的发展。尽管灌区改造项目中,绝大多数引水渠首的大坝已建成,但是大坝的失事或带病运行,不仅对大坝下游造成灾害,而且灌区灌溉系统将随之瘫痪,灌区改造工程的投资将会付之东流。因此,必须对灌区现有渠首大坝安全的特征和运行状况作出评估,并提出改造措施,以使大坝及其附属设施达到可接受的安全标准,并制定切实可行的大坝安全应急预案。

(二)供水水质

灌溉供水水质包括河源水质、水库水质和灌溉渠系水质的安全,引水水质对灌溉的影响是从短期影响到长期影响。上游地区的污染和土壤侵蚀对水体功能也有一定的影响,长期污水灌溉,会造成土壤的污染、地下水的污染及农作物的污染。如果灌区的灌溉水质不能满足农业灌溉水质标准,灌区将失去用水户,灌区建设标准再高,也是没有用的。因此,灌区必须关注供水水质安全。

(三)工程风险

必须关注洪水、地震等自然灾害对项目的影响。

三、灌区改造项目环境保护措施

从以上的分析可以看出,灌区改造项目的环境影响是非污染影响,这些环境影响既有可恢复性影响又有不可恢复性影响。因此,在项目实施中必须采取一系列环境保护措施,来使项目对环境的负面影响降到最低或可以接受的程度。灌区改造项目的实施包括设计阶段、工程准备阶段、施工阶段和运行阶段,因此项目的环境保护措施也应按此四阶段部署。

(一)设计阶段的环境保护措施

工程设计阶段要按照批复的《环境影响评价报告》落实各项环境保护要求,并把实施环保措施的费用列入工程概算中。具体措施有以下几点。

(1)优化工程设计方案,使工程建设尽量避免或减少非自愿移民,尽量少占用土地。移民不可避免时,必须做出详细可行的征迁及移民安置行动计划,该计划应在项目单位的共同协作下,充分与地方政府协商后完成。按照国家有关政策为移民提供足够的补偿费、补助资金,并能使移民从工程建设中受益,保证被安置人口达到下列目标:①在搬迁之前获得补偿他们损失的全部费用;②在搬迁过程中和在安置的过渡时期内获得帮助;③提高或恢复到他们搬迁之前的生活标准、收入能力和生产水平;④在规划和实施拆迁安置的过程中应鼓励群众参与,建立必要的社会组织;⑤对被影响人提供土地、房屋、基础设施和其他补偿。

(2)水源工程设计中,在进行灌区水量供需平衡计算时,一定要考虑生态用水量。水库调蓄运行方案的选择,必须考虑下游河道的生态需求,特别是枯水年份的枯水月份。根据灌区取水河流的径流量、渠首调蓄能力、地下水利用量、灌区降雨量、作物的需水量、生态需水量等情况,以设计水平年为基础,对近期水平年和远期水平年灌区水资源供需平衡进行计算。逐一分析灌区改造中水库加固工程实施后,水库年调蓄水量与同断面河流多年平均径流量的关系,逐月比较设计水平年的供水量与河源来水量,并预测下游河道可能出现断流月份,提出解决对策。

(3)对大坝和渠道改造工程进行设计时,尽量减少拆除工程量,一方面要保证已有建筑物的安全,另一方面减少建筑弃渣量。

(4)抽水设备改造中,在保证满足设计技术性能的前提下,尽量选用能耗小、噪声小、振动小的机泵设备。

(5)在满足工程使用功能、结构功能的基础上,同时考虑工程与周围环境的协调统一,从设计的角度考虑绿化、废物利用、取土场、弃渣场的水土保持等环境保护措施及其经费预算。

(二)施工准备阶段的环境保护措施

在工程施工前,应充分做好各种准备工作,保证社会生活的正常状态。具体措施有以下几点。

(1)对灌区改造工程沿线涉及到的供电、道路、通信、给排水管道等公共设施进行详细调查,根据影响情况,提出具体减缓及补偿意见,积极与有关部门联系,公开相关工程建设和环境保护信息,落实减缓影响措施,保证当地社会生活的正常状态。

(2)征地、拆迁和移民时,有步骤地落实设计阶段编制的征迁及移民安置行动计划。一方面要给予搬迁群众一定的经济补偿,帮助其安居和恢复生产;另一方面要做好环境保护的指导工作,保护移民区环境不受污染。通过相关工程的实施,改善移民区的生产和生活条件,保证群众生活水平不低于安置前的水平。

(三)施工阶段的环境保护措施

灌区改造项目大部分工程规模都相对较小、施工地点分散、涉及环境敏感区少,施工期间产生的不利环境影响都是可预见的、局部的和短时的。因此,施工期环境管理的主要任务是保障相应环保措施的落实。主要措施有以下几点。

(1)工程招标阶段,从工程招标文件的编制、投标书的审查到评标等各个环节,都要有具体的环境保护要求。业主在招标文件中,要明确编入环境保护条款,明确规定和要求承包商对于环境保护的职责和义务,提出施工期间环境保护的具体目标,并作为选择工程承包商的一项重要依据;承包商在编制投标书时,要实质性响应招标文件的要求,结合各项目的环境因子、环境问题,制定有效的环境保护措施和环境管理计划。

(2)尽量减少施工对灌区灌溉的影响。一是在水源工程的施工组织设计中,采取分期导流、分段围堰的施工组织设计,以尽量不影响或尽量减少影响灌区正常引水灌溉;二是主要灌溉渠道及重点建筑物和中低产田改造工程施工中,渠道衬砌、泵站机组更换等主要工序均要安排在非灌溉期进行施工。

(3)保护水源,减少施工废水对环境的污染。对施工区比较集中,产生的生产废水和生活废水量大的渠首枢纽改造工程施工,采取先沉淀再排放的措施,即建立废水沉淀池或生活污水降解池,把生产、生活废水先排至废水池,经集中沉淀处理后再排到规定的排放点。生产废水收集池容量为废水每日排放量,使废水有一天的沉淀时间;生活污水降解池容量为日平均排放量的5倍,以使排入水体的污水有5日的自然降解时间。对线长面广的渠道工程和中低产田改造工程施工,因为施工地点分散,施工规模较小,产生的生产和生活污水可直接排入渠道,再由渠道排入灌区的排水渠。因废水量小,排水距离长,不会对环境造成太大污染。在水库蓄水/试蓄水前,对生产、生活基地以及移民原居住地进行清除、灭菌消毒,杂草、杂物进行清理,有效地防止库区有机污染物及细菌污染水体。

(4)合理处置施工废渣。对于施工废渣,如混凝土拆除物、石渣、开挖、削坡弃土等,一方面要尽可能地利用施工弃渣,修筑道路、修筑防洪堤坝、填筑渠堤、回填造地等;另一方面,对于难以利用的弃渣,选择沟壑地段进行定点堆置,堆置方案为:采用等厚度堆填和分层压实,表面覆土,沿河道、沟道边修建砌石护坡,并有计划地采取人工复耕和绿化等措施。煤渣及生活品废弃物选择低凹地集中堆放,覆土填埋后种草植树,防止灰尘飞扬。其他垃圾和施工营地粪便,设池加盖,收集沤肥,可作农田肥料。

(5)减少施工废气、粉尘、噪声对环境的影响。灌溉工程的特点决定了灌区改造工程中,渠首工程的施工区大部分都距离居民生活点较远,地势开阔,废气、粉尘、噪声的扩散条件较好,对区域环境空气质量不会造成严重影响。施工生产中,各灌区渠首工程大体积混凝土施工中,因其水泥用量大,为了减少水泥粉尘对施工人员健康的侵害和对环境的污染,必须采用散装水泥,罐车运输,自动称量系统配料;土石方开挖施工作业时,积极采用先进科学的施工方法,如采用"静态爆破"法施工,减少石渣抛掷、噪音、粉尘污染和对施工区周边环境的破坏;合理安排施工作业时间,原材料运输要安排在白天作业,车辆通过居民区时做到减速行驶,禁止鸣笛,以减轻噪声、粉尘及废气对周围环境的干扰,并对道路以及砂石料及时洒水除尘;在施工区可能对当地群众造成影响的地段,设置警示、公示牌,向群众广泛宣传,获得公众理解、配合、谅解和支持。

(6)公众健康。要求相关施工工人配戴防尘口罩、耳塞、防护面罩等劳动保护工具;对施工工人进行定期体检,施工营地定期打扫卫生,消毒灭菌,建立符合标准的饮用水系统,合理设置公共厕所,确保工人身体健康。

(7)防止造成新的水土流失。施工完成后,及时撤离清场,尽快复耕并结合施工区绿化设计,植树种草,恢复地表植被,美化环境。

(8)聘请专职环境监理监督承包商落实环保措施,使项目施工期对环境的负面影响降到最低或可以接受的程度。

(9)灌区改造项目的特点是项目实施过程中灌区还要正常灌溉运行,因此在项目实施中还必须特别关注增加灌溉引水对下游水资源的影响、灌区地下水、农业生态的变化等环境问题,对这些影响进行定期监测和调查,为环境管理提出依据和建议。

(10)聘请环境管理和相关方面的专家对环境管理工作进行监测、咨询和指导。

(四)运行期的环境保护措施

灌区改造工程运行期的环境保护措施,也就是灌区运行期的环境保护措施。具体的措施必须根据各种环境监测资料来进行确定。

(1)根据河道径流量和灌区引水量,分析确定灌区渠首取水口下游河道的下泄流量。预测枯水期河道下泄流量小于河道生态需水量的时段,要求灌区在该时段时要从水库中给下游河道泄放一定的水量,确保下泄流量不小于河道的生态需水流量。

(2)关注灌溉渠道水质安全。对有污染源的局部渠道的水质进行监测,如监测结果不符合灌溉水质有关标准要求时:①加大灌溉引水量,淡化水质,使其符合要求;②及时向政府有关职能部门报告。

(3)对灌区地下水动态进行长期观测。特别是在灌区一些排水不畅的潜在盐渍化区域,加强观测,如果该区地下水位明显上升,就必须加强排水措施,并适当减少灌溉水量。在可能超采区域,如果地下水位明显下降,要及时发布监测信息,加强宣传工作,让有关方面自觉减少地下水开采量,引起有关主管部门的重视;另一方面,可加大地面灌溉定额,及时补给地下水。

(4)关注农业生态变化。关注灌区土壤结构的变化、农药化肥使用量的变化、作物病虫害和杂草品种及数量的变化等,采用科学的灌水技术,节约用水,使灌溉向农业生态优化的方向发展。

(5)关注灌区内污染源的分布情况。不定期地对灌区工业及生活污染源分布情况进行调查,协助政府有关部门进行污水处理、关闭排污严重不合法的污染企业。

第五章　关中灌区改造项目环境管理计划

环境管理计划是为了消除或补偿项目的负面环境影响,或将项目负面环境影响降到最低或可以接受的程度,而制定的实施缓解负面环境影响环保措施的内容、方法和计划。环境管理计划一般包括:环境管理机构建设、环境管理措施的具体内容及操作程序、环境管理人员的能力开发和培训、环境监测、环境管理经费等方面的行动安排。

根据世界银行环境评价导则 OD 4.01 的要求,项目《环境影响评价报告》中必须包含一个综合性的环境管理计划,以确保环境评价报告确定的环境保护措施在工程实施、运行过程中切实得到落实,新出现的环境问题能够及时得到解决。

1998 年 12 月,经世界银行审查通过的关中灌区改造工程项目《环境影响评价报告》中包括“环境管理与监测计划”的具体内容,该计划对本项目实施及运行期间要求开展的环境管理与监测工作做了统筹安排。2003 年 8 月,在世界银行进行的第八次项目检查之后,根据项目实施进展情况和项目环境管理中遇到的一些实际问题,项目办组织有关专家对《环境管理与监测计划》进行了全面修订,编制了《环境管理实施计划》,该计划成为此后项目环境管理工作的指南[1]。

环境管理计划是项目环境管理的依据和指南,环境管理计划应针对项目具体情况以及需要采取的环保措施编制,针对性要强,内容应完整,可操作性要强。陕西省关中灌区改造项目在实施环境管理计划过程中有正反两方面的经验、教训。总的来说,《环境管理与监测计划》针对性、可操作性均较差,实施困难,而《环境管理实施计划》针对性、可操作性均较强,实施顺利。本章对《环境管理与监测计划》和《环境管理实施计划》作比较详细的介绍,希望对读者有所益处。

第一节　环境管理与监测计划

一、主要内容

《环境管理与监测计划》包括环境管理计划和环境监测计划两部分内容。

(一)环境管理计划的内容

1.机构设置

关中灌区改造工程项目领导小组设有环境管理办公室和环境监测中心,各灌区管理局下设环境管理监督处。环境管理机构设置见图 5-1,各部门的资源配置及职责为:

(1)项目领导小组。由一名副省长任组长,成员由陕西省政府办公厅、计委、财政厅、水利厅、环保局等相关单位的负责人组成。其职能是监督整个项目的实施,协调有关厅

[1] 《环境管理与监测计划》特指《关中灌区改造工程项目环境影响评价报告》中所包含的《环境管理计划》;《环境管理实施计划》特指 2004 年 2 月编制并经世界银行确认的《环境管理计划》。

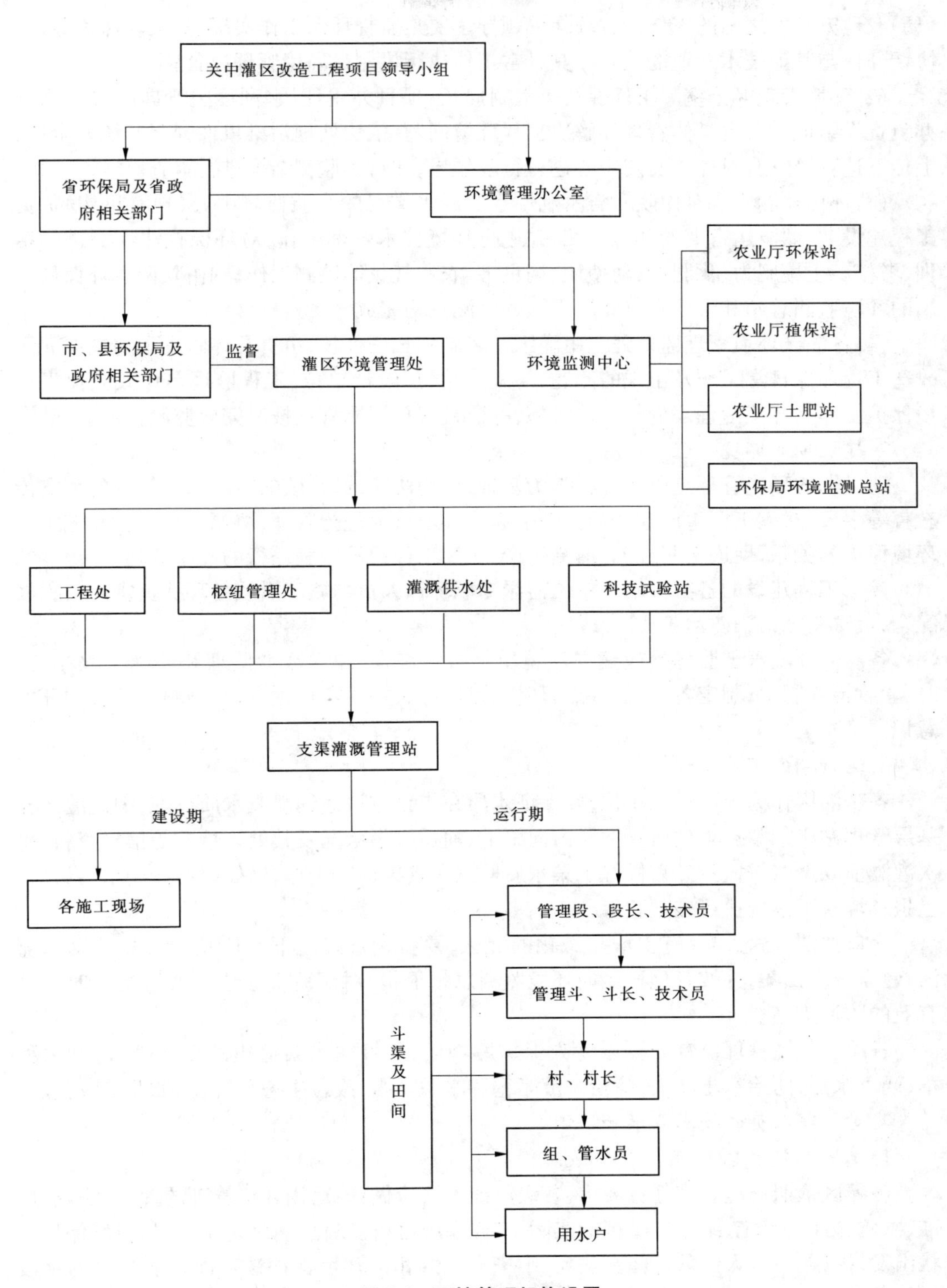

图 5-1　环境管理机构设置

(局)及地方政府之间的工作。省环保局领导主要是监督环保工作实施,落实环保资金,并协调环保与其他技术专业的关系。其日常工作执行机构是环境管理办公室。

(2)环境管理办公室。由环保局主管副局长、项目办主任、水利厅主管副厅长和水资办负责人组成。负责具体管理和解决工程环境问题,依法处理污染事件,起到"统筹全局,上传下达"的作用,对环境监测中心进行行政领导,并对其监测结果进行审查。

(3)环境监测中心。由陕西省水利厅水资源水文局的水质监测中心(现有机构)负责工程建设期、灌溉运行期的环境监测,并进行环境技术咨询工作,对环保执法人员进行培训、考核。土壤肥力、化肥/农药使用、病虫害、农业气象等监测工作,则由陕西省环保局下属的环境监测总站和陕西省农业厅下属的监测机构完成。

(4)各灌区环境管理监督处。由灌区一名副局长任处长,负责具体管理和解决本灌区改造工程环保日常工作及出现的问题,与施工单位、设计单位、工程监理单位共同负责环境保护工作和环境治理规划的具体实施,并监督安排下属科室按时完成监测任务。

2. 建设期的环境管理

建设期的环境管理是以环境科学为基础,运用法律的、行政的、经济的、技术的和宣传教育等手段,对施工区生产和生活活动引起的环境行为进行管理,协调工程建设和施工区环境保护的关系,促进文明施工、清洁生产,保障工程建设顺利进行的一项活动。

参与工程建设的各有关施工单位需派专职环保人员与施工沿线各环保负责人员积极配合,负责实施污染防治工作。

各灌区环境管理监督处应建立环境质量报告制度;建立环境监理和环境工程"三同时"验收检查制度;制定各施工区(点)环境管理办法;加强宣传教育,增强施工人员的环保意识。

3. 运行期的环境管理

各个灌区作为灌溉供水单位,要保证水质在支渠进口达到灌溉水质标准,因此灌区各基层管理站必须掌握本站所管辖段内向渠道、河道排污状况及其处理情况等信息资料,每次灌溉前要严格按监控计划做好干渠水质监测和支渠巡查工作,当发现灌溉用水污染后,上报环境管理系统执行处理。

交口抽渭、洛惠渠等有土壤盐碱化的灌区,要特别做好地下水位及土壤盐分动态监测,建立技术档案,并按管理程序向环境监测总站汇报,对于地下水位上升区要及时采取有效的防治措施。

各灌区环境管理监督处要派专人保护库坝区,各级输水渠道边的自然植被,种树种草,涵养水源,防治水土流失,防治水流堵塞和水源枯竭,改善生态环境,增加环境效益。

4. 对管理人员的技术要求和培训

1)技术要求

各灌区依照环境管理任务要求,各级职能人员应做到:运用环境管理的理论、法规、标准、条例、方法、措施,结合各灌区的实际,实施系统化、程序化、网络化管理;从环境保护现状出发,执行《中华人民共和国水法》、《中华人民共和国环境保护法》,以切实有效的手段确保灌溉水质量;从优化环境质量出发,编制并实施河流枢纽、水源、渠系、方田建设、基础设施的环境治理工程,随着灌区管理改革实施环境管理优化改革;以环境监控为管理基础,运用监测、自动监控、预警、预测等信息分析与处理技术手段,以实现有效、准确、迅速的系统控制管理。

2)人员培训

在项目建设期,利用世界银行技术援助对环境管理人员进行分期分批培训。培训主要内容有以下几点。

(1)水、土、农业生态、环境等方面的基础理论。

(2)环境管理政策、法规、标准、灌溉管理条例、规程。

(3)环境管理机制及改革。

(4)环境监控系统。

(5)水、土、生态环境治理。

(6)环境污染、污染源的控制及治理。

(7)环境监测方法及控制。

(8)灌区环境优化管理的考察、学习。

(9)灌区环境管理规划制定及实施。

(10)灌区环境信息测控及管理、环境管理实施案例分析等。

本项目中环境管理人员、环境监测人员需进行上岗培训,其他各级人员必需持证上岗。环境管理培训计划见表 5-1。

表 5-1 环境管理培训计划

培训时间	次数	培训人员	培训机构
1999 年	1 次	施工单位管理人员及工程监理	环境管理办公室
2000 年	2 次	施工单位管理人员及工程监理	环境管理办公室
2001 年	1 次	业主项目管理人员	环境管理办公室
	1 次	各灌区环保及环境监测人员	环境管理办公室
	1 次	水库、渠道、泵站、排水站等管理和维护人员	灌区环境监督处

(二)环境监测计划的内容

1.机构设置

关中灌区改造工程环境监测工作由环境监测中心具体负责实施。环境监测中心由设在水利厅水资源水文局的水质监测中心负责项目的环境监测,并对环保执法人员进行培训、考核。环境监测机构设置如图 5-2 所示。

2.设施及仪器配置

监测中心站要满足使用面积 500 m^2 的办公场所,分别设置办公室、药品储藏室、天平室、仪器分析室、化学分析室、生化分析室、无菌操作室、微机室、资料室、设备储备室等科室。监测中心利用水资源水文局水质监测中心现有设备及监测仪器。

3.环境监测项目及频次

1)施工环境监测

施工环境监测设有 20 个监测点,包括河流水质监测、大气质量监测、噪声监测和人群

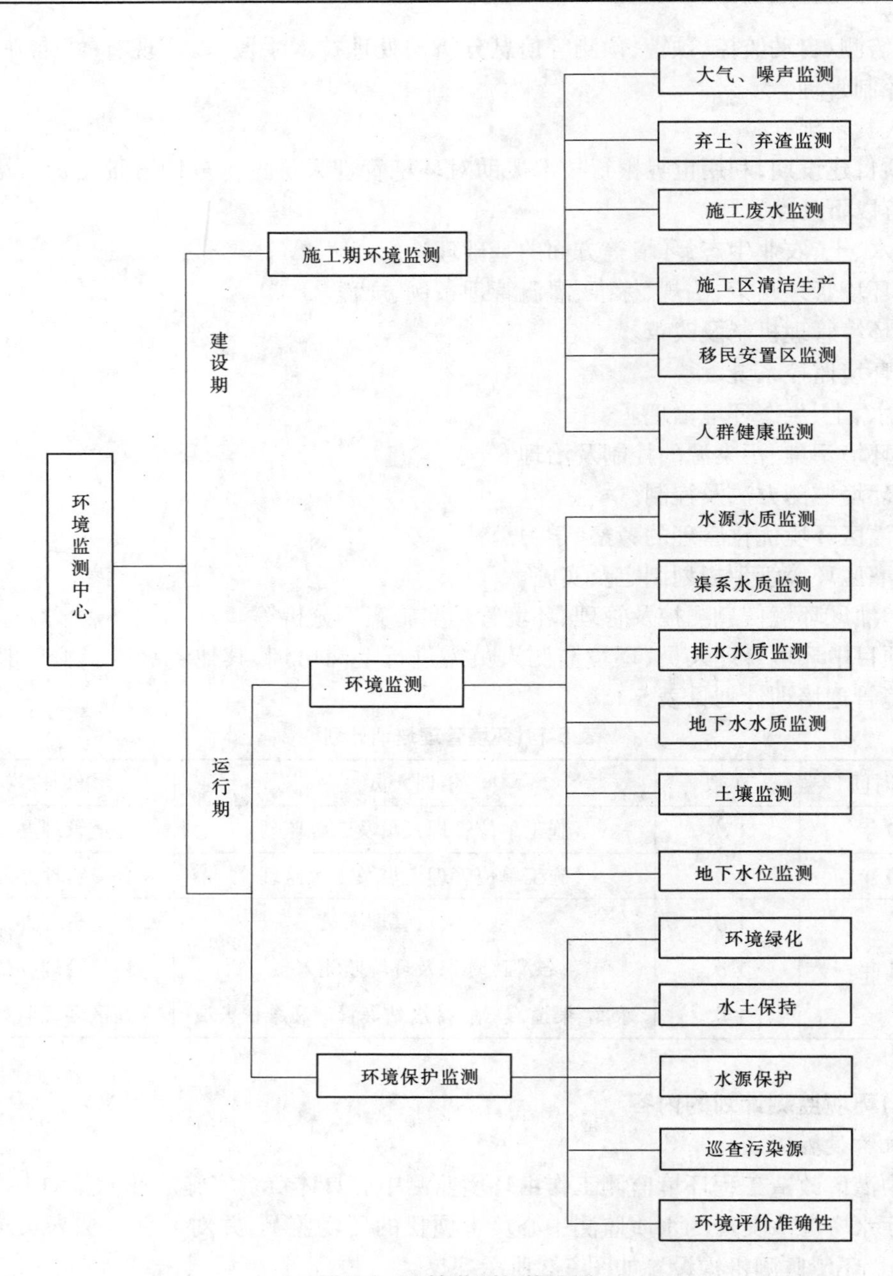

图 5-2 环境监测机构设置

健康监测，具体监测项目与频次见表 5-2。

2)运行期环境监测

运行期环境监测包括水质监测、土壤及农业生态监测。

(1)水质监测。包括地表水质监测和地下水质监测。参照《地面水环境质量标准》(GB 3838—88)、《地下水质量标准》(GB/T 14848—93)、《农田灌溉水质标准》(GB 5084—92)选定 pH 值、石油类、S^{2-}、Fe、Mn、Cr^{6+}、Cr、Hs、As、ArOH、F^{-}、CN^{-}、总 P、总 N、DO、

BOD_5、COD、Cl^-、有机磷、LAS、SO_4^{2-}、NH_3-N、全盐量、矿化度等 26 项参数为水质监测项目，在冬、春、夏三个灌水期各监测水质 2 次。

表 5-2　施工环境监测一览

监测内容	项目	断面布设	监测频次	监测单位
水质	pH、SS、DO、COD、BOD_5、NH_3-N、石油类	施工区沉淀池水质和施工区河道下游 100 m 处水质	施工高峰期和夏季各 1 次	当地环保监测中心
大气质量	TSP、车流量 > 80 辆/h 时，加测 NO_x 和 SO_2	办公生活区及受影响居民点	每年 2 次，每次 5 天	当地环保监测中心
噪声	噪声及噪声源	办公生活区及受影响居民点；砂石料加工场	生活区每年 2 次，噪声源每年 1 次	当地环保监测中心
人群健康	健康调查	项目影响区及施工人员	每半年 1 次	当地环保监测中心

地表水质监测：共设 46 个监测点，其中 13 个监测点分别选在渭河、洛河和泾河干流上，这些监测断面有陕西省环保局的常年监测资料，可直接引用；剩余的 33 个监测点由环境监测中心统一采样监测，监测结果反馈到环境管理办公室，并对发生的污染事故设动态监测。

地下水质监测：共设 60 个监测点，这些点均从关中灌区现有的观测井中选出，水质由环境监测中心统一采样监测，监测结果反馈到环境管理办公室，并对发生的污染事故设动态监测；地下水位变幅观测由各灌区试验站负责观测。

(2)土壤和农业生态监测。共设 19 个土壤监测点，14 个农业生态监测点。土壤、农作物、农业病虫害、农药等由陕西省农业厅的土肥站、环保站、植保站等专业机构进行系统的监测，其监测范围已经覆盖全部关中灌区，每年由环境管理办公室和环境监测中心对专业部门的监测资料进行分析。

(3)病虫害和农药监测。由当地环保部门进行专项监测。

4.监测结果分析与监测报告撰写

环境监测中心必须及时对每次的监测数据进行整理分析，并将结果上报环境管理办公室。如果出现不符合标准要求的水质，环境管理办公室应及时做出处理意见。每年将监测结果和农业厅提供的农业环境资料汇编成册，编制年度监测报告，上报关中灌区改造工程办公室。

(三)环境管理费用

环境管理费用包括环保工程费用、环境监测网络建设费用和环境保护工作运行费用三部分。总投资 1 633.5 万元，其中环保费用 1 465.2 万元，全部列入项目工程费用中，与工程建设同步实施；环境监测网络建设费用 83.3 万元，其中的 60 万元列入小型配水设施改造项目费用中，其余的23.3万元列入项目管理费用中；环境保护工作运行费用85万元，全部列入项目管理费用中。

二、《环境管理与监测计划》存在的主要问题

由于《环境管理与监测计划》编制时间较早，是在项目评估阶段制定的，在当时人力、资金和技术条件下，理论上是可行的，但随着时间的推移、项目的陆续实施和调整以及实践的检验，该计划的缺陷日益暴露了出来，尤其是计划在实施方面存在一定的困难，有待进一步修正、完善与提高。存在的主要问题有以下几个方面。

1.环境管理主体是政府，项目法人无力使环境管理机构正常动作

因为我国目前项目建设实行的是项目法人负责制，因此项目办对关中灌区改造项目负全责，当然也对项目的环境管理负全责。本环境管理机构部门设置齐全，又由副省级、厅/局级、县/处级、科级等行政级别的领导负责各部门的工作，应该说环境管理机构建制全面，如果关中灌区改造项目的法人是陕西省项目领导小组或陕西省政府，以上的环境管理机构动作将会十分顺畅，项目实施中的环境管理工作也能高效地开展。但是，关中灌区改造项目的法人是关中灌区改造工程世界银行贷款项目办公室，尽管项目办的工作受项目领导小组领导，但对于项目办来说，也无力履行“由环保局主管副局长、项目办主任、水利厅主管副厅长和水资办负责人组成”的环境管理办公室的职责，同样也无力履行“由设在水利厅水资源水文局水质监测中心负责环境监测”的环境监测中心的职责。该环境管理机构是以政府为管理主体，涉及政府多个部门，项目办很难使环境管理机构正常运作，来处理项目日常相关环境问题。

2.环境管理计划缺乏针对性和可操作性

项目建设期和运行期的环境管理计划提出的环境管理要求基本上都是原则性的，泛泛叙述，没有针对本项目可能产生环境负面影响的环境事项提出具体的管理措施，因此落实起来随意性大。

3.环境管理培训计划内容理论性太强，实用性欠缺

环境管理培训计划内容从理论到实践很全面，但与本项目的环境管理工作结合不紧密，又由于环境管理机构的原因，培训计划比较难以落实。

4.环境监测计划目的性不明确

环境监测计划包括了项目建设期和运行期的监测项目、内容和频次，几乎包含了一切环境因子的监测，但是施工过程中的环境监测内容太多，因为关中灌区改造项目大部分工程处于比较空旷地域，相对比较分散，因而施工期的环境监测项目大部分内容显得没有必要，施工中只要采取了有效的环境管理措施，完全可以把施工期对环境的影响降到最低或可以接受的程度；另一方面项目建设期环境监测计划的内容，与社会上其他专职部门的监测内容有所重复，但是却忽视了对区域环境监测结果的分析评价，从而提出本项目的环境管理措施。

5.环境管理经费没有单列，资金落实难度大

项目环境管理的费用没有单列，而是包括在项目的其他费用中，而单个项目设计概算中，也没有计列环境管理费用，造成项目环境管理费用实际上没有落实的事实。

第二节　环境管理实施计划

一、编制背景

2003年8月世界银行检查团对关中灌区改造项目进行了第八次全面检查，并在备忘录中指出：尽管（项目）各施工单位和承包商都根据环境影响评估报告中规定的那样对绝大多数骨干工程的建设采取了环境缓解措施，但是环境管理计划的实施中仍然存在一些问题，突出表现在以下四个方面。

(1)环境管理体系的建立。

(2)环境监测工作。

(3)环境管理培训。

(4)环境管理工作报告。

鉴于关中灌区改造项目环境管理中存在的问题，世界银行检查团要求：陕西项目办要制定出一份环境培训计划，并根据该计划进行实施。培训应该面向项目办及下属的管理部门以及各个施工单位、承包商和监理工程师。世界银行将聘请一名环境顾问，环境顾问将在培训课上针对具体的环境问题进行详细的讲解。同时建议并帮助项目办：①建立环境管理体系；②修正环境管理及监测计划；③准备环境管理实施计划；④准备年度环境报告。

为了解决环境管理工作中存在的问题，按照世界银行的要求，项目办公室于2003年11月20～23日，邀请了世界银行聘请的环境咨询专家、陕西省有关环境专家在西安举办了环境管理培训班。在环境管理培训班上，世界银行环境咨询专家提出，为了有效地实施本项目的《环境管理与监测计划(12/1998)》，有必要编制《关中灌区改造工程环境管理实施计划(2004～2005)》，作为关中灌区改造项目今后环境管理工作的指南。

二、编制过程

环境管理培训班结束后，项目办随即邀请有关专家组成了专家组，与项目办有关人员一起，根据灌区改造工程实际建设情况和后续工程建设内容，对照《环境管理与监测计划》，对工程实施和运行可能产生的不利环境影响进行了重新审视和讨论，确定了《环境管理与监测计划》的修正内容和编制《环境管理实施计划(2004～2005)》的基本原则和内容。专家组成员及项目办有关人员见表5-3。

2003年12月～2004年3月，专家组和项目办共同编制了《环境管理实施计划(2004～2005)(待审稿)》。在编制过程中，项目办还聘请了西北农林科技大学等单位的专家对农业生态、地下水、河源水质等环境影响的专项问题进行了技术咨询。

2004年3月，世界银行第九次项目检查团审查了实施计划(待审稿)，提出了修订意见，并在备忘录中对修订后的《关中灌区改造工程环境管理实施计划(2004～2005)》进行了正式确认。

表 5-3　参加讨论的专家及有关人员名单

姓名	职称	专业	工作单位
谢庆涛	教授	环境工程	华北水利水电学院
王益权	教授	资源环境学	西北农林科技大学资源环境学院
孙有庆	高级工程师	水文水资源	陕西省水利电力勘测设计研究院
周安良	教授级高工	水工	关中灌区项目办
高希望	高级工程师	水工	关中灌区项目办
刘宏超	高级工程师	农水	关中灌区项目办
李丰纪	高级工程师	机电	关中灌区项目办
赵阿丽	高级工程师	农水	关中灌区项目办
雷英杰	高级工程师	水工	关中灌区项目办
曹明	工程师	水工	关中灌区项目办

三、《环境管理实施计划》的主要内容

《环境管理实施计划》结合项目管理及其机构特点，认真总结和吸取了在执行《环境管理与监测计划》中的经验和教训，确定了项目环境管理的机构、管理体系、管理制度等重要要素，是一个内容全面，操作性、实用性、检查性和落实性都比较强的环境管理文件。

(一)环境管理机构

1. 环境机构体系

关中灌区环境管理体系由项目办、环管办、灌区环管科、咨询专家组、环境监测、环境监理、承包商等部门组成，管理体系详见图 5-3。

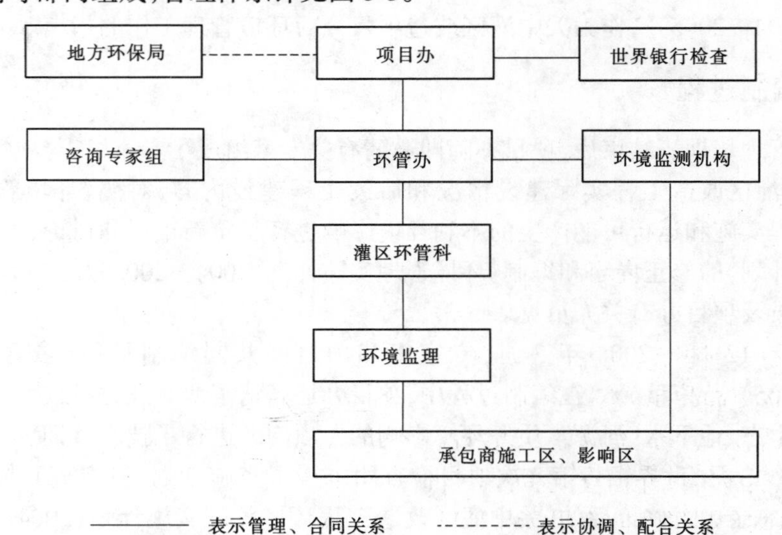

图 5-3　环境管理体系

2.各部门的主要职责

1)项目办

项目办是关中灌区改造项目的法人单位，对项目建设负全责，对项目环境管理负总责，其主要职责为：

(1)编制及下发有关环境管理规定、文件。

(2)重大环境事项决策。

(3)协调政府有关部门、世界银行等关系。

(4)向世界银行及有关部门报送环境管理报告。

2)项目办环境管理办公室

环境管理办公室(简称环管办)是关中灌区改造工程世界银行贷款项目办公室下设的一个职能部门，由环管办主任等6名人员组成，人员职责见表5-4。环管办代表项目办对项目的环境管理工作负全责，是关中灌区改造项目环境管理的核心机构，其工作目标是保障环境管理计划在工程实施和运行期间得到有效落实，使工程对环境的不利影响降到最低或可接受的程度。环管办的主要职责为：

表5-4　环管办人员设置一览

职务	学历	职称	人数	职责
环管办主任	大学	高工	1	代表项目办全权负责环管办的工作
副主任	大学	高工	1	负责落实《环境管理实施计划》的实施等环管办的业务工作
职员	大学	高工、工程师、技术员	4	负责编制《环境管理实施计划》、编制及上报年度工作报告、检查监督灌区《施工期环境管理规定》的落实及环境监测工作、环境文档管理、月报的收集分析、协调解决环境重大问题

(1)制定、监督、实施有关环境管理的规章制度。

(2)督促、保证环境影响评价要求的环保设计措施落实，工程设计满足环评要求。

(3)督促、保证工程施工承包合同中包含环评要求的环保措施。

(4)聘请、监督、协调环境监理(资格、职责、管理)。

(5)聘请、监督、协调环境监测(资格、职责、结果分析、管理)。

(6)组织、实施环境管理培训和环境考察。

(7)聘请、组织、安排、协助、利用咨询专家组。

(8)组织专题研究、调查工作。

(9)审查环境监理、环境监测以及环境咨询工作报告。

(10)编制环境管理阶段或专题报告。

(11)接受环境工作检查(包括世界银行项目检查)。

(12)其他(文档管理、部门协调等)。

3)灌区项目执行办环境管理科

由于关中灌区改造项目涉及九个灌区，为便于管理，各灌区成立了项目执行办公室。

相应地,在各灌区项目执行办设立环境管理科(简称环管科),环管科由2～3人组成(见表5-5),主要负责本灌区项目环境管理工作。具体工作包括本灌区工程环境管理计划的实施、编制环境管理月报及工作报告、协调当地各方关系、解决工地一般环境问题和环境信息及文档管理等。环管科的主要职责为:

表5-5　灌区执行办环管科人员一览

职务	职称	职责	备注
环管科科长	高工/工程师	全面负责本灌区工程的环境管理工作	要求各灌区固定人员,责任落实到人
环管科副科长	工程师	主要负责本灌区工程环境管理计划的编报、实施等业务工作	
环管科职员	工程师/技术员	具体负责本灌区工程环境管理计划的实施、环境管理月报及工作报告的编制、环境管理信息及文档管理等	

(1)落实本灌区项目的环境管理计划。

(2)监督落实本灌区项目环保设计措施。

(3)检查监督各工程环境管理规定及环保措施的落实。

(4)实施本灌区环境管理计划。

(5)进行本灌区环境技术咨询。

(6)编制本灌区项目年度工作报告,接受监督部门及世界银行对本灌区项目环境管理的检查。

(7)协调当地政府部门、各承包商之间的环境管理关系。

(8)资料文档管理。

4)咨询专家组

项目办根据环境管理工作的需要,不定期地聘请有关环境专家进行技术咨询指导,例如进行环境管理培训、专题研究等。

5)环境监测单位

环境监测单位受项目办的委托,定期或不定期地对灌区改造工程的施工区和影响区相关环境参数和环境问题进行监测,发现重要的环境问题,提出纠正措施和建议。

6)环境监理

环境监理受项目办的委托,负责对承包商进行现场环境监督,保障本项目"施工期环境管理规定"切实执行,有效地落实有关环保措施。鉴于关中灌区改造项目实施的具体情况,本项目未委托专门的环境监理,而是将工程监理的工作给予拓展延伸,由工程监理履行环境监理的职责。

7)承包商

承包商是工程的实施机构,也是施工期环境保护措施的落实机构。为了让承包商全面、系统地了解并掌握关中灌区改造工程施工期的环保要求,项目办编制了《施工期环境管理规定》。承包商的职责就是具体实施《施工期环境管理规定》的各项要求。

8)地方环保局

地方环保局是各个地方环境行政主管部门,依法对关中灌区改造工程进行环境监督和管理。

9)世界银行

按照中国政府和世界银行签订的《贷款协议》要求,世界银行每年两次派出检查团对关中灌区改造工程的实施进行专项检查,检查项目《贷款协议》执行情况,包括环境管理计划实施情况。指出项目实施(包括环境管理)取得的成绩和存在的问题,并以备忘录的形式抄送中国项目各相关部门。

(二)重点关注的环境问题

1.增加灌溉引水量对下游水资源的影响

本项目涉及的水源工程包括宝鸡峡林家村加坝加闸工程、桃曲坡水库溢洪道加闸工程和羊毛湾"引冯济羊"工程,共增加引水量1.4亿m^3。因灌溉引水量的增加,对下游河道水资源可能会产生影响。项目办每年组织有关专家对灌区引水情况及其对下游环境的影响进行一次调查、追踪评价。

2.供水水质和大坝安全

水质安全:灌区的灌溉水质必须符合《农田灌溉水质标准》(GB 5084—92)的要求。根据调查知,交口抽渭灌区内有2个排污口,拟在五支渠末和刁张抽水站前设立水质监测点;桃曲坡灌区区内有2个污染源,拟在岔口渠首设立水质监测点;羊毛湾灌区内有3个排污点,拟在十七支渠、二十支渠设立水质监测点。项目办将聘请有关专业部门对渠道灌溉水质进行定期监测。

另外,每年由各灌区执行办对本灌区内的污染源进行一次调查,若发现有新增污染源,项目办再安排对相关渠道水质进行监测。

大坝安全:已有大坝安全检查小组关注大坝安全情况。

3.土壤盐渍化和地下水超采

土壤盐渍化:在本项目九个灌区中,只有宝鸡峡、泾惠渠、交口抽渭、洛惠渠灌区可能存在小部分土壤盐渍化问题,应对相应区域的地下水位、水质进行监测。

地下水超采:在本项目九个灌区中,只有宝鸡峡、泾惠渠、冯家山灌区有地下水超采问题,应对相应区域进行地下水位监测。

目前,陕西省已有专业部门对全省范围内的地下水进行常规监测,但项目关注区域内需增设少量监测井(约20眼)。项目办将委托有关机构,增加补充监测井,对地下水情况进行定期监测,并聘请有关专家对上述监测资料每年进行一次收集和分析。

4.水库周边环境

沿河水库由于水库水位抬高,其库区周边河岸有可能发生塌岸现象,宝鸡峡环管科将进行定时观测、预警;林家村水库蓄水后,对后靠移民区移民的健康,宝鸡峡环管科将每年进行一次卫生防疫调查,发现问题及时通报和处理。

5.农业生态

由于灌溉引水量增加,有可能引起作物种植结构、化肥用量、农作物病虫害、农药用量及土壤质量等农业生态环境部分要素的变化。此影响周期长,短时间内变化很小。鉴于上述事项现均有农业有关机构进行常规调查、监测，项目办不再另行监测，但每年将组织专家对有关部门的监测资料进行一次收集、分析。

6.公众健康

公众健康主要涉及三方面：施工人员、施工影响区群众和移民。施工人员的健康和施工对影响区群众的健康影响，通过落实《施工期环境管理规定》各项措施来保证，移民的健康问题见第4条和第7条。

7.外迁移民环境管理

外迁移民环境管理主要包括：饮用水安全，必要环境设施，卫生防疫等。环管办将组织监测机构对移民饮用水进行监测，确保移民饮用水安全。环管办每年对移民安置区环境设施情况、卫生防疫情况进行一次调查，并提交专项调查报告。

(三)其他主要环境管理工作

1.施工期环境管理

《环境管理实施计划》启动后，项目剩余工程规模都相对较小、施工地点分散、不涉及环境敏感区，施工期间产生的不利环境影响都是可预见的、局部的和短时的。施工期环境管理的主要任务是落实有关环保措施，将工程施工期间对环境的不利影响降低到最低或可接受的程度。环管办主要工作包括：

(1)组织人员对已完工程进行一次检查，发现并处理可能遗留的环境问题。

(2)编制《施工期环境管理规定》。该规定从环境管理和环境监理、水污染防治、大气污染防治、噪声、电磁辐射污染防治、弃渣和固体废弃物处置、公众健康、野生动植物保护、土地利用、水土保持和绿化、文物保护等方面做出规定，明确环保措施要求，此规定将作为工程施工合同的组成部分。

(3)建立监督机制。设立环境监理工程师对承包商的施工活动进行现场环境监督管理，环管办及环管科对各工程的环境管理工作进行定期检查和监督。

(4)建立环境管理报告制度。承包商向环境监理提交《××工程环境管理月报》，环境监理向环管科提交《××工程环境监理月报》，环管科向环管办提交《××灌区环境管理月报》及《××灌区环境管理年度工作报告》，环管办报世界银行《关中灌区改造工程世界银行贷款项目年度环境管理工作报告》。

(5)施工区环境监测。施工期不设常规环境监测点，环境监理根据现场工程施工情况，提出必要监测的项目，环管办将组织有关机构人员进行专门监测。

(6)相关培训。每个在岗环境监理工程师，必须通过环管办或其他有关部门进行的环境管理培训；新开工程项目承包商、管理人员都要接受相关的环境管理培训。

2.环境监测

环境监测工作包括仪器监测、分析评价、调查研究、监督管理及监督性测量等内容，其目的是为环境管理服务，了解项目实施过程中实际环境影响程度，提出预警，确定是否需要采取环境保护措施。通过对重点关注的环境问题的分析，对需要进行监测的项目内容进行汇总，见表5-6。

表 5-6　环境监测汇总

监测形式	监测项目		监测点及区域	频次	监测部门	备注
仪器监测	灌溉水质	交口抽渭灌区	西五支渠尾	每灌季监测 1 次	环境监测部门	有灌溉任务的渠道进行监测
			刁张抽水站出水池	每灌季监测 1 次		
		桃曲坡灌区	岔口枢纽出口	每灌季监测 1 次		
		羊毛湾灌区	十六支渠进口	每灌季监测 1 次		
			二十支渠进口	每灌季监测 1 次		
	生活水质	宝鸡峡灌区	斜坡移民区蓄水池	每年 1 次		
			小寨移民区水塔	每年 1 次		
			唐家塬移民区水塔	每年 1 次		
	地下水监测		监测井 91 眼（需增补井约 20 眼）	每年 1 次	陕西省水工程勘察规划研究院	监测结果分析
调查、评估、分析、预警	增加灌溉引水量对下游水资源的影响分析		林家村、桃曲坡水库、“引冯济羊”工程	每年 1 次	水资源专家	
	大坝运行安全		10 座在建大坝	每年 1 次	大坝安全专家	
	水库塌岸		泔河水库	每季度 1 次	宝鸡峡环管科	
	农业生态		项目区	每年 2 次	农业生态专家	
	水质污染源		九大灌区	每年 1 次	环管科	
	后靠移民健康		林家村库区	每年 1 次	专家调查	
	河源水质污染		河道水质	每年 1 次	专家	
	卫生防疫		项目区	每年 1 次	专家调查	

3. 环境培训、考察

1）环境培训计划

为了使环境管理从业人员能够熟练运用环境管理的理论、相关法规，一切从环境保护及优化环境质量出发，以环境监控为管理基础进行项目环境管理，对环境管理人员进行相关培训，不断加强组织机构，是很有必要的。计划聘请一些大专院校、环境研究机构及专业咨询机构的专家教授，对项目环境管理人员、承包商、监理工程师等项目参建人员进行环境培训，详细培训计划见表 5-7。

表 5-7　环境管理培训计划

序号	培训内容	参加人数	时间	备注
1	环境及环境管理基础知识、世界银行环境政策和要求、环境监测及项目环境评估报告	85	2003 年 11 月	已实施
2	施工期环境管理规定	50	2004 年 2 月	已实施
3	环境管理实施计划（2004～2005）	50	2004 年 4 月	已实施
4	环境监理培训	30	2004 年 4 月	已实施
5	新开工程管理人员、监理、承包商进行环境管理知识培训			

2)环境管理考察

为了借鉴国内其他世界银行项目环境管理好的经验,计划派人员对相关项目进行考察学习,以寻求技术援助。

4.环境咨询

对于项目环境管理、水资源、河源水质及灌溉水质、农业生态及其他专项环境问题,需要咨询专家的技术支持。拟聘环境咨询专家名单见表5-8。

表5-8　拟聘环境咨询专家名单

姓名	职称	职务	专业	工作单位
谢庆涛	教授	环境咨询专家	环境工程	华北水利水电学院
王益权	教授	院长	生物、生态学	西北农林科技大学资源环境学院
仵均详	教授		植保	西北农林科技大学植保学院
孙友庆	高工	总工	水资源	陕西省水利电力勘测设计研究院

5.信息、文档管理

信息、文档管理是项目环境管理的一部分,也是环境管理的一个窗口。对所有的环境管理信息、文档都必须进行及时归档处理,要求文字版、电子版同时存档。

(四)环境管理经费预算

环境管理的所有工作都必须有可靠的经费来源做保障,根据项目环境管理工作的需要及有关评估文件精神,项目的环境管理经费预算及资金来源见表5-9。

表5-9　环境管理经费预算及资金来源　　(单位:万元)

序号	项目名称	费用	资金来源	备注
1	监测费	400	世界银行报账	包括仪器监测、调查分析、检查调查评估等监测内容
2	专家咨询费	50	世界银行报账	
3	培训考察费	100	世界银行报账	
4	办公设备及设施	100	世界银行报账	
5	管理费	50	内配资金	
合计		700		

(五)环境管理工作任务汇总

为了便于操作和执行,对以上所涉及的关中灌区改造项目环境管理工作进行了汇总,见表5-10。

表 5-10　环境管理工作汇总

项目	环境管理内容	管理措施	实施部门
水资源评价	因宝鸡峡、桃曲坡、羊毛湾三个灌区增加灌溉用水对下游水资源可能会产生影响	每年对涉及灌区灌溉用水情况进行一次分析评价	环管办组织专家
供水水质和大坝安全	灌溉水质应符合农灌水质标准;大坝应安全运行	每个灌溉季节对有污染源的运行渠道进行水质监测;每年撰写大坝年度运行情况报告	环管办组织监测机构;环管办及环管科
土壤盐渍化和地下水超采	宝鸡峡、泾惠渠、交口抽渭、洛惠渠四个灌区有发生土壤盐渍化的可能;宝鸡峡、泾惠渠、冯家山三个灌区有地下水超采的可能	对可能发生区域地下水位(水质)进行部分监测并收集其他监测资料,每年对其变化做一次分析	环管办聘请专业机构
水库周边环境	沣河水库有发生塌岸的可能;关注后靠移民的健康	进行定时观测、预警;每年进行一次后靠移民卫生防疫调查	宝鸡峡环管科
农业生态变化	灌溉引水量增加,可能引起农业生态环境变化	每年对有关部门的监测资料进行一次收集、分析	环管办组织专家
公共健康	施工人员、后靠移民、外迁移民的健康	施工人员健康通过落实《施工期环境管理规定》来保证;外迁移民生活水质定期监测,每年进行一次外迁/后靠移民卫生防疫调查	环管办组织监测机构;宝鸡峡环管科
移民安置环境管理	饮用水安全,必要环境设施,卫生防疫等		
施工期环境管理	落实有关环保措施,将施工期对环境的不利影响降到最低或可以接受的程度	编制、落实《施工期环境管理规定》;建立监督机制;建立环境管理报告制度;进行相关培训	环管办/环管科,环境监理、承包商
环境监测	仪器监测、分析评价、调查研究、监督管理及监督性测量	分析监测结果,提出预警,为采取环保措施提供依据	有关专业机构、专家;环管办、环管科、环境监理、承包商
环境培训考察	培训环管从业人员;借鉴其他项目环管经验,寻求技术援助	进行环境培训考察	环管办
环境咨询	环境管理、水资源、水质、农业生态及其他专项环境问题	咨询有关专家	环管办
信息、文档管理	信息文档管理	文字版、电子版同时存档	环管办、环管科

第三节 《环境管理实施计划》和《环境管理与监测计划》的异同

《环境管理与监测计划》与《环境管理实施计划》是相互区别,又相互联系的。前者是后者的基础和前提,而后者是前者的深化和细化,是对前者的修正、补充、完善与提高。但是两份计划的本质和目的是相同的,都是为了把项目对环境的负面影响降到最低或可以接受的程度,以促进项目的可持续发展。两者的主要区别在于解决项目环境管理问题的思路与方法不同。《环境管理与监测计划》过于强调理论上的可行性,内容上的系统性和全面性,忽视了实践上的可操作性。而《环境管理实施计划》从项目实际出发,注重理论与实践相结合,尤其突出实践上的可行性,以重点关注的环境问题分析为突破口,从管理机构的合理设置、环境监测的优化布局以及经费的落实等方面入手,着力解决项目实施过程中涉及的重点环境问题。相比较而言,后者较前者具有更强的针对性、适用性和可操作性,使用价值大,示范意义广等特点。现将两份计划的差别详述如下。

一、重点关注的环境问题

专家组根据《环境管理与监测计划》,结合项目实施的具体情况,对工程实施和运行可能产生的不利环境影响进行了重新审视和讨论,并针对各种可能对环境的不利影响因素,确定出了重点关注的环境问题,包括:

(1)增强灌溉引水可能带来的土壤盐渍化。

(2)地下水超采区地下水位。

(3)水库周边环境影响。

(4)施工期环境管理。

(5)农业生态变化。

(6)供水水质。

(7)大坝安全。

(8)公众健康。

二、机构设置

在《环境管理与监测计划》中,关中灌区改造工程环境管理体系是由陕西省项目领导小组、环境管理办公室、环境监测中心和灌区管理局环境管理监督处四级部门组成。该机构以政府多个主管部门为管理主体,涉及部门多,隶属关系复杂,责任难以落实,很难正常运作起来。因此,有必要设置以关中灌区改造工程项目法人——项目办为管理主体的新的环境管理体系,该环境管理体系由项目办、环管办、灌区环管科、咨询专家组、环境监测、环境监理、承包商、地方环保局和世界银行检查团等部门组成。在环境管理体系中,项目办、环管办、灌区环管科、承包商是项目内部机构,咨询专家组、环境监测、环境监理是项目聘请的咨询服务机构,地方环保局和世界银行项目检查团属项目外部机构,这些机构共同构成了比较完整的项目环境管理体系。

三、施工期环境管理内容与模式

《环境管理与监测计划》中施工期环境管理缺乏如何落实施工环境保护措施的具体安排，只是泛泛要求，但监测项目偏多。由于本项目工程规模都相对较小、施工地点分散、不涉及环境敏感区，施工期间产生的不利环境影响都是可预见的、局部的和短时的。因此，施工期环境管理的主要任务是保障相应环保措施落实，使工程在施工期间对环境的影响降低到最低或可接受的程度。为此，项目办专门编制了《施工期环境管理规定》，并建立了监督、实施机制，保证其有效实施。因此，对大气、噪音等一般不再做常规监测，必要时，由现场环境监理工程师安排环境监测。

四、环境监测计划

（一）监测机构

《环境管理与监测计划》要求项目办在水利厅设立"环境监测中心"，该监测中心包括农业厅的环保站、植保站、土肥站以及省环保局的环境监测总站等，不仅机构庞大，还超出项目办管辖范围，很难具体实施。《环境管理实施计划》中确定根据不同环境监测任务，由项目办以合同方式委托专业环境监测部门进行环境监测，不再重复设立独立的环境监测机构。

（二）监测内容调整

《环境管理实施计划》针对确定出的重点关注环境事项，对原监测计划中的监测内容、监测参数、监测频率等进行了调整，包括取消施工现场的噪音、大气质量监测点等。明确了环境监测工作包括仪器监测、分析评价、调查研究、监督管理及监督性测量等内容，环境监测的目的是为环境管理服务。根据关中灌区改造项目的特点和陕西的实际情况，分别对项目关注的环境问题进行监测与咨询，各监测部门要向项目办提交专项环境监测或咨询报告。通过对灌区改造项目环境影响的监测、分析评价、监督管理等的实施，使项目办能够及时了解项目实施过程中实际环境影响程度，提出预警，确定是否需要或必须采取哪些环境保护措施。

五、环境管理培训

结合关中灌区工程进展及环境管理实际情况，对原环境培训计划(12/1998)做了相应调整，重点培训内容包括项目环境管理知识、实施计划落实等。

六、环境咨询

本项目环境管理涉及范围广，需要寻求相关专业的技术支持，原计划没有专列此项。在实施计划中，项目办将聘请有关咨询专家，就有关环境问题进行专题咨询。

七、信息、文档管理

信息、文档管理是项目环境管理工作的重要内容之一，实施计划要求环境管理的资料、报告、文件等要同时有文字版和电子版存档。

八、经费预算

环境管理经费从项目的其他费用中分列出来,并且,环境管理经费大部分资金调整为由世界银行报账支付,这就为资金保证奠定了基础。

《环境管理与监测计划》与《环境管理实施计划》的主要差别见表5-11。

表5-11　两个环境管理计划的主要差别

主要方面	环境管理与监测计划	环境管理实施计划
环境管理机构	省项目领导小组、环境管理办公室、环境监测中心和灌区管理局环境管理监督处等四级部门组成。环境管理主体是省政府	由项目办、环管办、灌区环管科、咨询专家组、环境监测、环境监理、承包商、地方环保局和世界银行检查团等部门组成。环境管理主体是项目法人——项目办
施工期环境管理	建设期的环境管理是以环境科学为基础,运用法律的、行政的、经济的、技术的和宣传教育等手段,对施工区由于生产和生活活动引起的环境行为进行管理,协调工程建设和施工区环境保护的关系,促进文明施工、清洁生产,保障工程建设顺利进行。环境管理目标宏观,随意性大	编制了《施工期环境管理规定》,并建立了监督、实施机制,保证此规定的有效实施。对大气、噪音等一般不再做常规监测,必要时,由现场环境监理工程师安排,进行必要监测。施工期环境管理的主要任务是保障相应环保措施落实,使工程在施工期间对环境的影响降到最低或可以接受的程度
环境监测	在项目领导小组下设立专门的"环境监测中心",工作内容包括施工环境监测、运行期环境监测和环境保护监测。重点是环境仪器监测,缺少环境管理措施	不设立专门的环境监测机构,委托专业机构进行监测;施工期的大气、噪声等不进行常规监测,重点是落实环保措施,减少施工对环境的影响;对区域环境影响进行调查、分析,重点是预警和管理
环境培训考察	培训内容从理论到实践很全面,但与本项目的环境管理工作结合不紧密,针对性较差	根据项目环境管理实际需要安排培训,并增加了环境考察内容,重点为项目环境管理知识、实施计划的落实及解决实践中存在的问题
环境咨询	没有涉及	本项目环境管理涉及范围广,需要寻求相关专业的技术支持。聘请有关咨询专家,就环境问题进行专题咨询
环境信息管理	没有涉及	环境管理的资料、报告、文件等同时有文字版和电子版存档,加快了信息收集、分析、处理及反馈速度
环境管理费用	环境管理费用均包括在项目的其他费用之中	环境管理费用单独列支,保证了资金的有效落实

第六章　关中灌区改造项目环境管理实践

关中灌区改造项目环境管理工作分为两个阶段，第一阶段为1999～2003年8月，即世界银行第八次检查前，执行项目《环境影响评价报告》中的《环境管理与监测计划》。这一阶段，关中灌区改造项目已开工建设173个标段的骨干工程，完工144个标段，完成投资占总投资的70%。完成的主要工程量有：土方2 310万m^3，石方115万m^3，浇筑混凝土103万m^3。第二阶段为2003年8月～2006年6月底，执行《环境管理实施计划》。这一阶段完成了关中灌区改造项目剩余的所有工程建设。

第一节　环境管理机构建立及其运行

一、环境管理机构建立

关中灌区改造项目环境管理机构建立也分为两个阶段，第一阶段根据《环境管理与监测计划》建立，第二阶段根据《环境管理实施计划》建立，两个阶段的环境管理机构差别较大，管理的内容与效果也大不相同。

(一)第一阶段机构建立

这一阶段的环境管理机构依据项目《环境影响评价报告》确定的《环境管理与监测计划》设置。按照《环境管理与监测计划》安排，在关中灌区改造工程项目领导小组统一领导下成立环境管理办公室和环境监测中心，在各灌区管理局设环境管理监督处。但是，在上述环境管理体系中，两个最重要的机构，环境管理办公室和环境监测中心都是由政府部门组成的机构或是政府部门机构而非项目法人——项目办体系内的机构。

(1)环境管理办公室。由环保局主管副局长、项目办主任、水利厅主管副厅长和水资办负责人组成。事实上，这样的环境管理办公室成立只可能是名义上的，形同虚设，不大可能要求省政府部门的领导到一个环境管理办公室处理环境日常管理事务。

(2)环境监测中心。由设在水利厅水资源水文局的水质监测中心(现有机构)负责工程建设期、灌溉运行期(水、土壤)环境监测。事实上，水质监测中心是水利厅下属机构水资源水文局的下设机构，负责日常水利系统水量、水质监测任务。要求这样一个担负自身本职业务的政府专门机构去兼管涉及农业、环境、卫生等部门的监测工作实在是勉为其难，也是不可能的。

因此，在这一阶段，名义上建立了庞大的环境管理体系，但事实上并没有建立起独立运行的环境管理体系。项目实际的环境管理体系是利用项目工程管理体系来进行运作的，项目办没有设置专门的环境管理机构，各灌区项目执行办也没有设置专门的环境管理处。由项目办负责整个项目的环境管理工作，各灌区项目执行办负责本灌区的环境管理工作，由工程监理负责监督承包商的环境工作，承包商负责项目环境保护工作的开展。管理机构如图 6-1 所示。

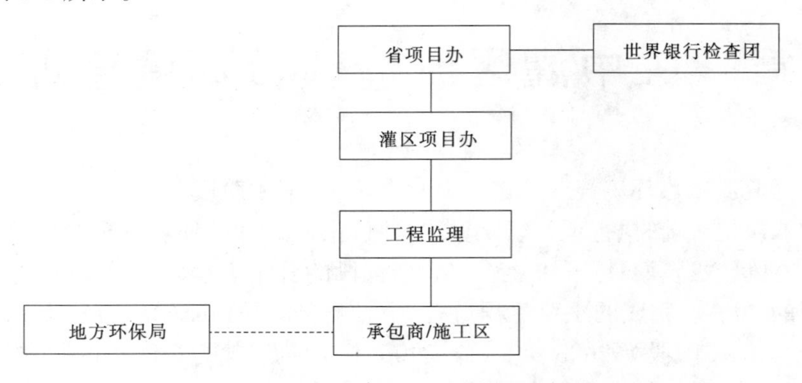

图 6-1　第一阶段实际的环境管理体系

(二)第二阶段机构建立

2003 年 8 月,世界银行在对关中灌区改造项目进行第八次例行检查时发现环境管理中存在的问题。因此,世界银行检查团要求项目办建立有效的环境管理机构和健全环境管理体系。根据世界银行的要求,2003 年 11 月,项目办成立了由主管副主任为组长、九个灌区项目执行办副主任为成员(14 人)组成的关中灌区改造项目建设期环境管理领导小组,下设环境管理办公室,负责整个项目的环境管理工作。各灌区项目执行办也相应成立了环境管理领导小组。

2003 年 11 月,项目办首次组织了环境管理培训班,在培训班上,授课专家和大部分学员对现行“领导小组”式的机构设置能否落实环境管理责任提出了质疑,后经大家充分酝酿讨论,项目办在环境咨询专家组的帮助下编制了《环境管理实施计划》,根据该计划,重新构建了由项目办、环管办、灌区环管科、咨询专家组、环境监测、环境监理、承包商等组成的比较完整的环境管理体系,该管理体系中的管理主体为项目办和环管办。至此,关中灌区改造工程环境管理工作真正走向了专门化、规范化、系统化的轨道❶。

在新的环境管理体系中,环境管理的主体为项目法人——项目办领导下的环管办和灌区环境管理科,其职责详见第五章。

二、环境管理机构的运行及效果

(一)第一阶段环境管理机构的运行效果评价

改革开放以来,我国工程项目管理体制实行的是项目法人负责制,项目法人对项目相关事项的管理负全责。因此,以政府机构为主体的第一阶段的关中灌区改造项目环境管理体系,实际上形同虚设,没有、也不可能有效地运转,更不可能达到预期效果。

该阶段的环境管理体系,实际上是利用项目工程管理体系;环境管理工作重点是施工环境管理和移民安置环境管理。尽管在工程施工和移民安置方面进行了环境管理工作,但由于环境管理体系的先天不足——不完整、不独立,造成环境管理机构主体不明确,各方的责任也不明确,致使环境管理很不完整,忽视了环境监测、培训等方面的环境管理工

---

❶ 详细参见本书第五章。

作,环境管理绩效甚微。

(二)第二阶段环境管理体系运行效果评价

第二阶段的环境管理体系是以项目办为主体,符合我国目前项目法人负责制的工程项目管理体制;环境管理体系内以环境管理办公室为中心,各方参与者职责具体、明确。几年来的环境管理实践证明,此阶段环境管理体系运行顺畅、效率高,全方位的开展了环境管理工作,弥补了第一阶段环境管理工作的不足,使《环境管理实施计划》得以有效执行,确保了项目环境目标得以顺利实现。

第二节　环境管理规章制度的建立

在环境管理的第二阶段,项目办为了更好地进行环境管理工作,编制了《施工期环境管理规定》,建立了环境管理报告制度和环境培训制度等一系列环境管理方面的规章制度。

一、项目施工期环境管理规定

目前应用的国际咨询工程师联合会编制的 FIDIC 合同条件构成的工程施工合同文本中,尽管都有环境保护合同条款,但是这些条款都比较笼统,一般是规定执行国家和地方适用的环境保护法律、法规、标准,而国家和地方环境保护法律、法规和标准又很多,都不针对具体的项目。在一个工程上具体适用哪些法律、法规和标准,这些适用的法律、法规和标准中又适合哪些条款,这些条款又如何应用等问题都没有涉及,但又是项目环境管理所必须应用的。譬如,生产废水、生活污水排放在具体工程所在地究竟适用几级标准等,都是要在工程施工期间解决并执行的问题。而在实际操作中,又由于对法律、法规和标准的理解不同,而容易出现不一致的理解甚至产生纠纷。所以,无论一个工程有多少承包商,各个承包商都要有人专门去研究相关法律、法规和标准,并按照各自的理解去执行。借鉴其他世界银行贷款项目(山西省万家寨引黄工程、黄河小浪底枢纽工程等)的经验,解决上述问题的一个有效途径是由项目法人在工程招投标前,根据适用国家法律、法规、标准和本项目环境影响评价确定的施工环境保护措施要求,结合具体工程情况,编制一份项目《施工期环境管理规定》,并将该规定作为招标文件的组成部分。这样,投标商在投标时就已明确在施工过程中应采取哪些具体的环保措施,并把相应费用考虑在投标报价中。这样既可大量减少承包商研究环保法律、法规和标准的工作量,降低工作成本,又便于工程合同执行中的具体操作和监督。

为此,项目办在世界银行环境专家的帮助下,于 2004 年 2 月编制了《施工期环境管理规定》。《施工期环境管理规定》详细汇总了关中灌区改造工程施工期应该遵守的各类环境保护要求,并明确了环境监理工程师进行环境监督管理的身份,以及施工期环境管理各参与方的责任划分、工作程序和相互关系等,它是关中灌区改造工程施工期环境管理的基础性文件和工作依据。

由于《施工期环境管理规定》编制完成时,关中灌区改造项目部分工程标的施工合同已经签订或完成,陕西省项目办环管办对这些工程进行了一次全面的施工现场环境检查,集中解决了施工中存在的环境方面的问题。

在后续工程项目建设中，关中灌区项目办将《施工期环境管理规定》列入招标文件中，从而成为合同文件的组成部分，《施工期环境管理规定》在合同签订时即发生了效力，是工程施工期间有效地进行环境管理的关键步骤之一。

二、建立环境管理报告制度

与环境管理系统相适应，关中灌区改造工程项目建立了一套完整的、合理的环境管理报告制度。2004 年 3 月，为了督促各灌区项目执行办的环境管理工作，项目办专门下发了通知，要求各环管科按时报送环境管理工作报告，并规范了报告格式（格式样本见附录二）。

由于项目的环境管理工作在我国还刚起步，对大部分承包商来说，撰写工程环境管理月报还属第一次。因此，为了规范承包商的环境管理工作，于 2004 年 8 月，项目办下发了《关于环境月报内容及格式》的通知，通知要求承包商结合各自工程实际，参照文中所附格式（格式样本见附录三），撰写环境月报，并及时上报项目监理。

（一）环境管理内部报告

1. 承包商环境月报

《陕西省关中灌区改造工程施工期环境保护规定》第 1.8 款要求："各承包商应根据本规定或环境监理工程师的要求定期对本单位有关环境事项和环境参数进行监测。各承包商每月应向环境监理工程师提交一份环境月报，报告本月环境保护工作以及有关环境监测结果。

2. 环境监理报告

根据"关中灌区工程监理委托协议"，环境监理工程师每月编制一份《环境监理月报》，并提交灌区环管办。另外，环境监理还应根据需要，就环境专项问题或急需解决的环境问题，编制环境专题报告。

3. 灌区环管科环境管理报告

根据项目《环境管理实施计划》，各灌区项目执行办环管科，每月撰写本灌区项目的环境管理报告；每年 12 月，撰写本灌区《环境管理年度工作报告》，并按时上报项目办环管办。

4. 环管办环境管理报告

环管办每年编制一份环境管理年度工作报告，世界银行每次检查前编制一份环境管理报告，就环境管理计划实施情况进行阶段性总结（时段为一年和世界银行上次检查后一段时间）。另外，环管办还根据需要或世界银行检查团的要求，编制环境专题报告。环管办在提交世界银行检查团有关报告的同时，还要以附件形式，报送上述环境监测和环境专题调查报告等。

（二）环境管理外部报告

1. 环境监测报告

环境监测单位或咨询专家根据承担的监测任务编制环境监测报告，包括专项监测报告、半年监测报告或年度监测报告等，提交环管办审查。

2. 专题调查报告

根据环境管理工作需要，环管办可以要求环境监理单位、环境监测单位、其他有关单位或环管办自己编制环境专题调查报告。

(三)世界银行检查团备忘录

每次世界银行检查团检查结束后，由世界银行检查团准备一份备忘录，总结检查团检查结果，提出改进建议和要求。世界银行检查团备忘录提交世界银行管理机构和中国政府有关部门。同时，世界银行检查团备忘录送交陕西省关中灌区改造工程项目办公室，由项目办具体落实备忘录中的有关建议和要求，包括项目环境管理的建议和要求。

关中灌区改造工程环境管理报告制度的建立和实施，使项目环境管理的信息能及时、准确地传递，形成以环管办为信息中枢，及时上传下达的封闭式、双向互动的信息系统，保障了关中灌区改造项目环境管理系统正常、有效地运行。

三、环境培训制度

《环境管理实施计划》要求，各灌区每个工程开工建设前，环管办或环管科都要对承包商、工程监理进行环境培训，重点培训《环境管理实施计划》和《施工期环境管理规定》等。

四、环境监测制度

项目办委托有关专业监测和咨询部门对《环境管理实施计划》确定的重点关注环境问题及区域环境问题进行监测，制定了监测大纲，规定了监测内容、频次、范围及监测咨询报告的提交等事项。

第三节　施工期环境管理

一、施工前环境管理措施

项目设计阶段，设计单位在满足工程使用功能、结构功能的基础上，须同时考虑工程与周围环境的协调统一，从设计角度出发考虑绿化、水土保持、废物利用等环保措施。

在工程招标阶段，从招标文件的编制、投标书的审查等各个环节，都应有具体的施工区环境保护要求。在招标文件中，编入了环境保护条款，要求承包商在工程施工中必须遵守国家有关环境保护的法律、法规，对于施工环境影响区内动植物的保护、有害物质(如燃料、油料等)的排放、固体废弃物(如弃渣、弃料、垃圾等)的堆放处理、施工区和生活区的卫生等都必须落实相应的保护措施。在评标工作中，也把承包商是否响应环境保护条款作为是否响应招标文件的一项重要依据。

二、工程实施中的环境管理措施

在工程施工过程中，陕西省项目办重点关注的环境问题主要包括施工对灌溉的影响、水污染防治、固体废弃物处理、大气粉尘污染控制、噪音污染控制、水土保持、公众健康以及施工安全等。采取的相应措施具体有以下几点。

(一)合理安排工期,尽量减少施工对灌区灌溉的影响

由于项目为改造工程,绝大部分项目需要边运行边施工,因此在项目实施过程中,要尽可能地避免施工期与灌溉时间相冲突,以减少施工对灌区灌溉的影响,其措施见表 6-1。

表 6-1　减少施工对灌溉的影响措施

项目分类	主要影响	具体措施
水源工程 渠首枢纽改造工程	施工影响引水、蓄水、灌溉引水	施工期避开引水期、洪水期、蓄水期,分期施工、导流,保证供水
渠道改造工程 中低产田改造工程	衬砌渠道、拆建、重建建筑物期间影响行水	渠道衬砌等主要工序尽量安排在灌区非灌溉季节施工
泵站改造工程	施工影响灌溉抽水	泵站设备更换等主要工序尽量安排在非灌溉季节施工

(二)水污染防治

1. 生产废水

对施工区比较集中、产生的生产废水量大的水源工程及渠首枢纽改造工程施工,为防止施工废水直接流入河道,应采取先沉淀再排放的措施,在所有建筑物及设施周围设排水沟及污水、废水处理池(沉淀池),把生产废水先排至处理池(沉淀池),经集中沉淀处理后再排到下游河道。

主要输水设施改造及中低产田改造工程施工产生的生产废水,主要采取直接排入渠道,再由渠道排入灌区排水渠的排放措施;泵站改造施工中由于机电安装所产生的含油废水,采取先进行滤油处理再排放的措施。

2. 生活污水

承包商的生活营地主要有两种形式,即在施工区征用临时占地自建生活营地以及租用施工区当地灌区管理站房或民房作为生活营地。对于自建生活营房的承包商,其生活污水由生活营地临时排水系统排入自用厕所后集中处理。其他租用灌区管理站房或民房做生产营地的项目,生活污水排入原有排水系统。

(三)固体废弃物处置

项目各施工区固体废弃物主要包括施工生产弃渣(混凝土拆除物、石渣、开挖和削坡弃土等)和生活垃圾。

1. 施工生产弃渣处理

在项目实施过程中,业主和承包商尽可能地利用施工弃渣,在渠道施工过程中普遍采用弃土加固渠道外坡脚、渠堤或用于农田改造等;另一方面,对于难以利用的弃渣,绝大部分承包商均能按照指定地点和程序选择沟壑地段定点倾倒,分层夯实,表面覆土,种草植树或复耕。

2. 生活垃圾处理

生活垃圾主要是煤渣和粪便。对于自建生活营房的承包商,其煤渣及生活品废弃物,

设垃圾台集中处理或选择低凹地集中堆放，覆土填埋后种草植树；对于人的粪便，设化粪池，收集沤肥，作农田肥料。其他租用灌区管理站房或民房做生产营地的项目，由原垃圾、粪便处理设施解决。

（四）大气粉尘污染控制

在施工中出现的大气及粉尘污染主要是施工车辆运输造成的道路扬尘、土方工程施工中产生的扬尘以及个别水源工程及渠首枢纽改造工程爆破施工中产生的扬尘，施工车辆、机械工作时产生的废气。由于本项目的施工区大都距离城镇居民生活点较远，地势开阔，废气、粉尘的扩散条件较好，因此对环境空气质量所造成的影响较小。对距离城镇居民生活点较近的项目，承包商采取道路洒水、清理路面泥土、湿土或石料压尘、装运易扬尘车辆覆盖封闭、调整运输道路等措施来解决。

（五）噪音污染控制

本项目施工区的噪音污染主要包括运输和交通车辆、施工机械（风镐、电锯、电钻等）以及施工爆破等高噪声作业所产生的噪音。

根据本项目施工区特点，噪音污染控制措施主要包括靠近城镇居民生活区的施工区避免在夜间施工；施工车辆通过居民区时减速行驶，禁止鸣笛；原材料运输安排在白天作业；进行爆破施工时提前通告附近居民，以减轻噪声对周围环境的干扰。

（六）水土保持

针对项目实施中水土保持问题的解决措施，主要包括合理施工平面布置，尽量少占用土地和破坏植被；施工区的取土场、砂石料场必须做到场地平整，并禁止在易造成坍塌滑坡的区域采集土石料；进行渠堤、边坡开挖、削坡、基础开挖等工程施工时，采取工程或生物措施防护；结合施工区绿化设计对施工区内的树木、植被进行保护，承包商在退场时对临时占地、施工场地进行清场、平整并恢复植被，尽快复耕。如泾惠渠灌区九支渠改造工程的渠堤绿化已初见成效。

（七）公众健康

公众健康主要包括安全生产、人身保险、职工体检、卫生防疫、生活用水管理、施工区厕所卫生等六方面的工作。

1.安全生产

通过业主和监理工程师的监督，各承包商加强了施工人员的安全生产教育，并制定相应的施工安全措施。在项目实施过程中，未发生重大安全生产事故。

2.人身保险

各项目承包商积极响应工程招标文件中关于人员保险的条款（规定承包人应对参建人员进行人身伤亡保险，并明确了最低保险额），从而使参建人员在发生安全事故后的补偿得到保证。

3.职工体检

对于水源、水库枢纽等施工期较长的项目，承包商都定期对施工人员进行了体检；其他工期较短的项目，承包商主要在进场前对施工人员进行体检；对于工区食堂的工作人员，要求必须持卫生部门颁发的“健康证”才能上岗。

4.卫生防疫

主要根据不同施工区域以及不同季节的传染病疫情特点,承包商采取有针对性的防范措施进行防范,如 2003 年春季,各承包商为预防"非典",通过宣传"非典"防治知识、给职工量体温、定时消毒、尽量减少人员流动和外出等措施,使整个施工参建人员无一例"非典"病例。

5.生活用水管理

项目承包商大部分租赁民房或当地企事业单位房作为项目部营地,营地生活用水大多是当地供水管网的自来水。虽然宝鸡峡林家村渠首加坝加闸工程和桃曲坡水库溢洪道加闸工程的承包商自己搭建了施工营地,但其生活用水均来自于渠首管理站,均保证了施工生活用水安全。

6.施工区厕所卫生

对于施工区比较集中的水源工程及渠首枢纽改造工程,其施工区均设立了工地厕所,并定期对厕所卫生进行清扫,避免污染。主要输水设施改造及中低产田改造工程施工,主要利用施工区域内的城镇、村庄民居厕所,对环境不会造成影响。

三、施工期环境管理评述

(一)第一阶段施工环境管理评述

关中灌区改造项目在第一阶段的环境管理工作重点在施工期环境管理方面,通过项目办、监理工程师的监督检查,承包商采取了一些施工环境保护措施,较为有效地控制了项目实施对环境的不利影响。

但在此阶段,由于项目办内部没有专门的环境管理机构,环境管理体系不健全,对施工管理人员未进行过环境管理培训,环境管理工作报告缺失。因此,本阶段施工环境管理,距环境友好施工的要求还存在一定差距。例如,曾出现弃渣倒入河道、生产废水未经沉淀直接排放等问题。

(二)第二阶段施工环境管理评述

在总结第一阶段施工环境管理经验教训的基础上,第二阶段的施工环境管理从管理机构、管理模式等方面进行了改进。

(1)成立了专门的环境管理机构。项目办成立了环境管理办公室,各灌区项目执行办成立了环境管理科,专门负责环境管理工作,包括施工区环境管理工作。专门环境管理机构的成立,彻底改变了第一阶段环境管理工作由工程管理机构代理的被动局面。

(2)编制了项目《施工期环境管理规定》。项目办借鉴国内其他世界银行贷款项目的经验,编制了陕西省关中灌区改造项目《施工期环境管理规定》,并使其在 2003 年 12 月 1 日正式生效。该规定针对本项目的特点,把要求承包商实施的环保措施分门别类地归纳在一起,形成了完整的施工环保要求。另外,该规定还对施工环境保护各参与方,包括项目办、环境监理、工程监理、承包商等的权利、义务、责任以及相互之间的关系、环境管理的程序等作了明确详细的界定,使本项目施工期的环境管理更加明确、规范。

(3)把《施工期环境管理规定》纳入工程承包合同,使承包商承诺执行该规定,对承包商产生法律约束力。

(4)聘用环境监理工程师。项目办聘用经过专门培训的工程监理工程师,在承包商施工现场对承包商是否遵守《施工期环境管理规定》的情况进行监督管理,以保障环保措施的充分落实。

(5)开展了专项环境培训。项目办和灌区项目执行办分别举办了《施工期环境管理规定》培训班,参加人员包括项目执行办人员、工程监理工程师、环境监理工程师以及承包商代表等。

(6)项目各承包商、监理单位以及各灌区项目环管科及时按《环境管理实施计划》规定的方式,报告各自的环境管理工作情况,使环境管理工作的制度性、及时性、可追溯性得到了落实。

上述措施的落实,使施工区环境管理走上了规范化、制度化和系统化的道路,取得了明显的效果。关中灌区改造项目施工阶段未发生任何大的施工环境问题,也未出现任何重要的关于工程施工环境问题的抱怨,实现了项目施工环境的保护目标:使工程施工对环境的负面影响降到最低或可以接受的程度。

第四节　区域环境管理

根据《环境管理实施计划》,关中灌区改造项目涉及到的区域环境事项包括:增加灌溉引水对下游的影响、土壤盐渍化、地下水超采、水库周边环境影响、移民安置区环境管理、农业生态变化、灌溉引水水质以及公众健康等环境事项。

一、增加灌溉引水对下游水资源利用的影响

关中灌区改造工程,规划通过对原有 3 座水库大坝或溢洪道进行加高加闸,并提高水库正常蓄水位,从而增加水库的调蓄能力,计划每年可增加灌区灌溉引水量 1.444 7 亿 m^3。工程包括宝鸡峡灌区林家村渠首加坝加闸工程、桃曲坡灌区水库溢洪道加闸工程和羊毛湾灌区“引冯济羊”工程,设计年增加灌溉引水量详见表 4-4。

以上三项工程分别从 1999 年开始实施(其中,宝鸡峡林家村渠首加坝加闸和桃曲坡水库溢洪道加闸工程属于追溯贷款项目),于 2002 年全部完工。

从 2004 年起,项目办委托水利部西北水利科学研究所对本项目增加灌溉引水量对水库下游影响进行了专项调查研究,调查结果见表 6-2。基本结论分析如下:与原各水库多年平均灌溉引水量比较,项目实施运行几年来,实际灌溉引水量不仅没有增加,反而明显减少。宝鸡峡灌区 2003～2005 年期间年均引水量 16 252.97 万 m^3,相当于项目实施前多年平均值 36 126 万 m^3 的 45%,冯家山灌区年均引水量 7 875.83 万 m^3,相当于项目实施前多年平均值 10 229 万 m^3 的 77%,主要原因有以下几点。

(1)灌区河源来水偏枯。2001～2005 年宝鸡峡林家村渭河平均径流量为 10.7 亿 m^3,与多年平均值 23.79 亿 m^3 相差将近 13 亿 m^3;2001～2005 年期间,桃曲坡水库水源沮河有三年径流量低于多年平均径流量,尤其是 2005 年,年径流仅有 3 069 万 m^3,占多年平均径流量的 41.5%;冯家山水库的千河径流,2001～2005 年的平均径流量为 3.1 亿 m^3,比多年平均径流量 4.23 亿 m^3 少 1 亿 m^3 以上。因此,河源来水量减少使灌区灌溉引

水量相应减少。

表 6-2 项目增加灌溉引水调查统计

序号	灌区名称	宝鸡峡	桃曲坡	冯家山	备注
1	工程内容	林家村枢纽大坝加闸加坝	渠首水库溢洪道加闸	“引冯济羊”输水隧洞	
2	库容				
	项目前总库容(万 m³)	1 800	4 720	28 600	
	项目后总库容(万 m³)	5 000	2 967	28 600	
	项目后增加调蓄水量(万 m³)	8 000	1247	冯家山水库向羊毛湾灌区调水 3 000	
3	多年平均径流量(万 m³)	237 900	6 700	42 300	
4	灌溉面积				
	项目前有效灌溉面积(万 hm²)	18.83	1.57	6.76	
	其中渠井双灌面积(万 hm²)	5.268	0.26	1	
	项目后灌溉面积(万 hm²)	18.96	1.9	7.86	
	项目后增加灌溉面积(万 hm²)	0.13	0.33	1.1	
5	灌溉引水量				
	项目前多年平均灌溉引水量(万 m³)	36 126	3 948	10 229	
	项目后设计灌溉引水量(万 m³)	46 326	5 195	13 229	
	项目后设计增加灌溉引水量(万 m³)	10 200	1 247	3 000	
6	项目后实际灌溉引水量(万 m³)				
	2000 年	—	—	8 698	267*
	2001 年	—	—	8 890	314*
	2002 年	—	—	8 244	1 075*
	2003 年	15 098.4	2 539	6 493	1 125*
	2004 年	19 664.9	4 883	8 754	0
	2005 年	13 995.6	3 453.49	6 176	0
	2000～2005 年年均引水量(万 m³)	16 252.97	3 625.16	7 875.83	463.5
7	与项目前比较年增加引水量(万 m³)	-19 873.03	-322.84	-2 353.17	

注：* 为冯家山水库向羊毛湾水库调水量。

(2)灌区周边环境影响。由于兰西铁路复线建设，使林家村水库不能按规划蓄水到设计正常水位 636.0 m，只能保持原溢流坝水位 615.0 m，增加灌溉引水目标暂时还未实现。

(3)灌区灌溉效益提高。灌区改造工程完工后，减少了渠系渗漏损失，提高了渠道水利用系数，灌溉水利用率提高，节约了单位面积灌溉用水量。

(4)其他因素制约。原计划项目实施后，每年从冯家山水库向羊毛湾灌区引水 3 000 万 m^3。从表 6-2 可以看出，在 2000～2005 年的六年时间内，冯家山水库实际上向羊毛湾灌区调水共计仅 2 781 万 m^3，平均每年 463.5 万 m^3，远低于原计划的年增引水量，

因此，关中灌区改造项目的实施，并没有增加灌溉引水量，项目实施对水库下游环境无负面影响。

二、灌区土壤盐渍化的影响

(一)灌区可能发生盐渍化区域

如前所述，关中灌区的桃曲坡、羊毛湾、石头河、石堡川和冯家山五个灌区，因其位于黄土高塬沟壑区的地质地貌特征，决定了有的灌区地下水排泄条件较好，地下水矿化度低，有的灌区地下水埋深较大，因此这五个灌区不会发生土壤盐渍化的问题。但是，交口抽渭灌区和洛惠渠灌区存在土壤盐渍化问题，宝鸡峡灌区和泾惠渠灌区少量区域存在土壤盐渍化问题。

(二)减缓土壤盐渍化的管理措施

在项目实施期间，为了防止和减缓灌区土壤盐渍化问题，项目办采取了一系列的管理措施，其中包括：

(1)建设排水设施。在交口抽渭和洛惠渠灌区建设排水工程项目四项，疏通、扩大、改善排水干、支沟 53 km。

(2)利用灌区机井进行抽水灌溉，增加地下水开采量，减少地表水引用量，有效地降低了地下水位(详见表 6-3)。

表 6-3　灌区地下水位、降水量、地下水开采量、灌溉引水量统计

项目		灌区名称			
		宝鸡峡	泾惠渠	交口抽渭	洛惠渠
地下水位(m)	1999～2005 年均	25.36	14.71	11.68	17.50
	多年平均	23.27	14.38	11.02	16.78
	差值	2.09	0.33	0.66	0.72
降水量(mm)	1999～2005 年均	515.39	548.72	545.42	493.39
	多年平均	514.6	517.2	554.4	450.1
	差值	0.79	31.52	−8.98	43.29
地下水开采量(万 m^3)	1999～2005 年均	16 003.13	13 158.97	2 369.60	1 537.59
	多年平均	11 979	18 900	2 092.5	1 109.8
	差值	4 024.13	−5 741.03	277.10	427.79
渠首灌溉引水量(万 m^3)	1999～2005 年均	22 479.36	14 844.50	18 374.00	13 466.14
	多年平均	36 126.6	14 552	20 558	17 551.6
	差值	−13 647.24	292.50	−2 184.00	−4 085.46

(3)对灌溉渠道进行防渗衬砌，尽量减少渠道渗漏。

(4)采取小畦灌、小定额等非充分灌溉手段，减少渗入地下水量。

(三)项目实施对灌区土壤盐渍化的影响分析

针对交口抽渭、洛惠渠、宝鸡峡和泾惠渠灌区存在的可能土壤盐渍化问题，项目办委托陕西省水工程勘察规划研究院对相关区域进行了地下水位、地下水质的监测，表 6-3 为四灌区地下水位、地下水开采量、降水量和灌溉引水量统计表。

从表 6-3 可以看出，在项目实施的 1999～2005 年的七年间，年均降水量基本与多年平均降水量持平；除泾惠渠灌区外，其他三个灌区渠首灌溉引水量都明显减少，而地下水开采量都明显增加，灌区年均地下水位比多年平均地下水位都不同程度的有所下降。

图 6-2 、图 6-3 分别为存在盐渍化潜在威胁的交口抽渭灌区和洛惠渠灌区 1999～2005 年地下水位、年地下水开采量以及年降水量变化图。从图中可以看出：除 2003 年发生洪水使得部分灌区地下水位明显上升外，其他年份灌区地下水位都低于或接近于多年平均水平，地下水位呈现下降趋势，说明灌区地下水环境得到改善，土壤盐渍化的威胁在减少。

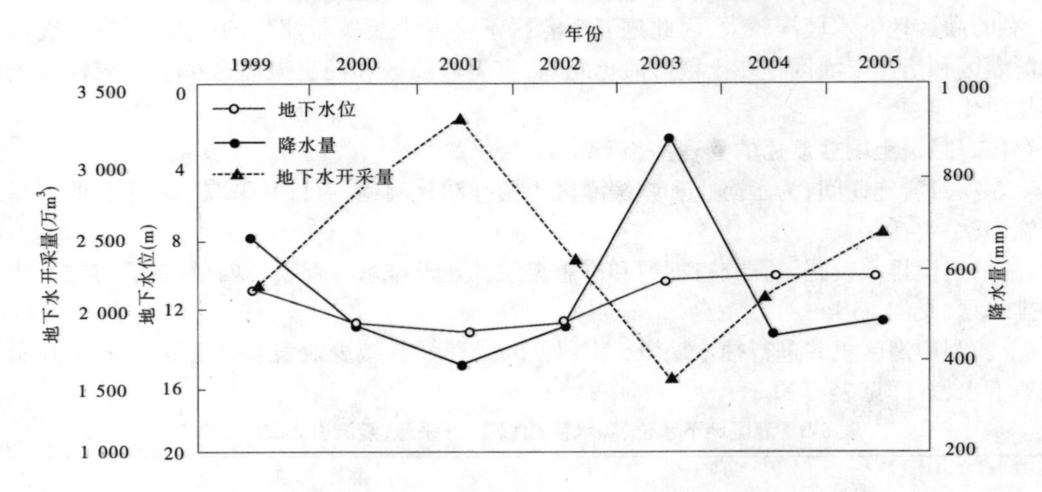

图 6-2　交口抽渭灌区地下水位、地下水开采量及降水量变化

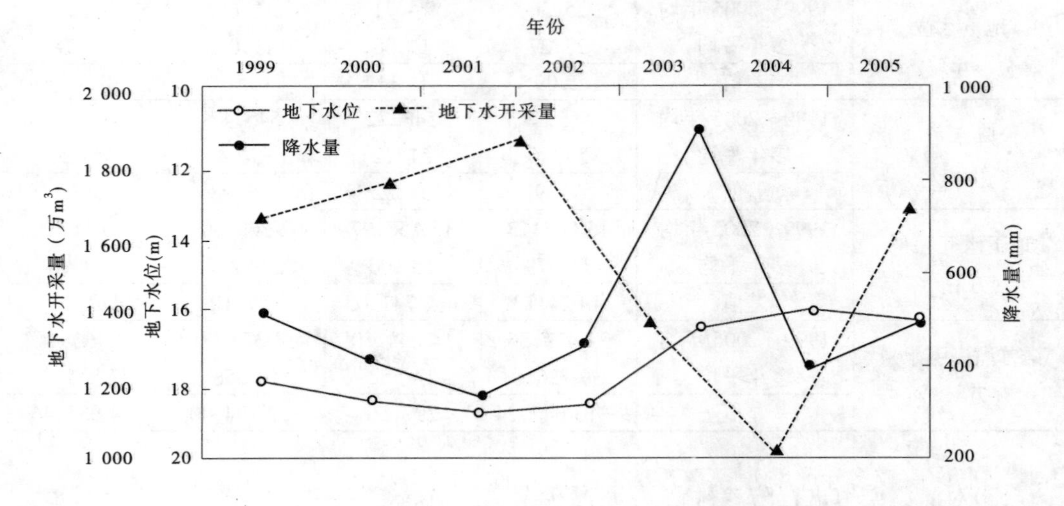

图 6-3　洛惠渠灌区地下水位、地下水开采量及降水量变化

由以上分析可以得出结论:灌区改造项目的实施,缓解了土壤盐渍化的发生。只要加强灌溉管理,就会大大降低灌区土壤盐渍化的风险。

三、灌区地下水超采影响

在关中九大灌区中,冯家山、宝鸡峡和泾惠渠三个灌区存在地下水超采潜在威胁。为了改善灌区地下水环境,保持项目的可持续运行,在项目实施期间,对这三个灌区的潜在地下水超采问题给予了关注。项目办聘请陕西省水工程勘察规划研究院对这三个灌区的地下水位变化情况进行了连续观测。表 6-4 为三个灌区在项目实施的 1999~2005 年的七年间,灌区地下水位、降水量、地下水开采量和灌区渠首引水量的平均值与多年平均值的统计分析表。

表 6-4 宝鸡峡、泾惠渠和冯家山灌区地下水位及相关因子统计

项目		灌区名称		
		宝鸡峡	泾惠渠	冯家山
地下水位(m)	1999~2005 年平均值	25.36	14.71	28.86
	多年平均值	23.27	14.38	26.7
	差值	2.09	0.33	2.16
	年均变幅	0.3	0.05	0.31
降水量(mm)	1999~2005 年平均值	515.39	548.72	591.83
	多年平均值	514.6	517.2	598.5
	差值	0.79	31.52	−6.67
地下水开采量(万 m^3)	1999~2005 年平均值	16 003.13	13 158.97	1 756.41
	多年平均值	11 979	18 900	1 437.4
	差值	4 024.13	−5 741.03	319.01
渠首灌溉引水量(万 m^3)	1999~2005 年平均值	22 479.36	14 844.50	7 642.71
	多年平均值	36 126.6	14 552	10 229
	差值	−13 647.24	292.50	−2 586.29

从表 6-4 中可以看出:

(1)与多年平均地下水位比较,三个灌区项目实施七年年均地下水位均有不同程度下降,年均变幅在 0.5 m 之内。根据水利部《地下水超采评价导则》中有关地下水超采区的分析指标判定,灌区地下水位下降幅度尚在正常变化范围内,说明三个灌区未出现地下水超采问题。

(2)泾惠渠灌区地下水开采量大幅度减少,年均减少 5 741.03 万 m^3,项目实施期地下水位平均值较多年平均值下降了 0.33 m,年均变幅为 0.05 m,说明该灌区地下水位保持相对稳定,不存在地下水超采威胁,详见图 6-4。

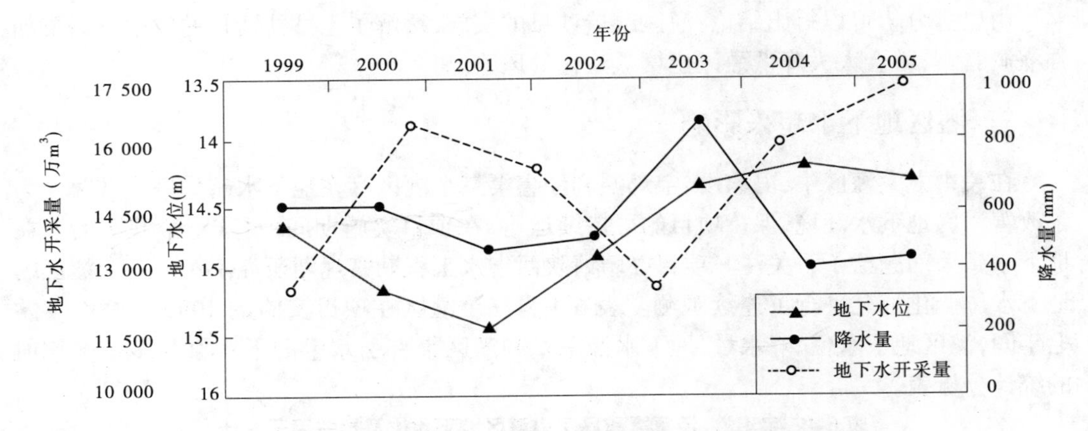

图 6-4　泾惠渠灌区地下水位、地下水开采量及降水量变化

(3)宝鸡峡灌区和冯家山灌区在项目实施的七年内,地表水引用量明显偏少,而地下水开采量增多,年增加分别为 4 024.13 万 m^3 和 319.01 万 m^3。在年降水量基本与多年平均值持平的情况下,地下水开采量的增加造成地下水位明显下降,项目实施期间七年平均值比多年平均值分别下降 2.09 m 和 2.16 m(如图 6-5 和图 6-6 所示),但是地下水位年均分别下降 0.30 m 和 0.31 m。依据水利部《地下水通报编制技术大纲》,地下水位年均变幅值在(-0.5 m, +0.5 m)之间的属于稳定状态的标准判定,这两个灌区在 1999～2005 年间地下水位均处于稳定状态,总体呈现稳中有降趋势,依据水利部《地下水超采区评价导则》(SL 286—2003)有关地下水超采判定依据,地下水位年下降速率不超过 1 m/d 的区域不会形成地下水超采区。

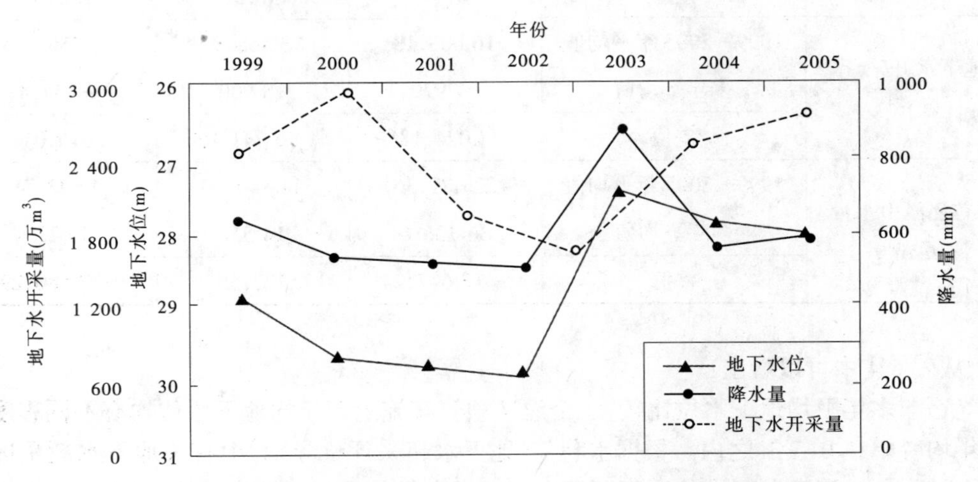

图 6-5　冯家山灌区地下水位、地下水开采量及降水量变化

以上两个灌区之所以出现地下水位持续下降现象,是因为 1999 年和 2000 年在关中地区属干旱年,地下水开采量相对较大,加之地表水及自然降水对地下水资源补给的滞后性,使地下水资源得不到及时补给所致,这是引起上述两灌区近年地下水位较多年平均有所下降的主要原因。2003 年是陕西省丰水年,关中地区地下水得到有效补给,2004 年和

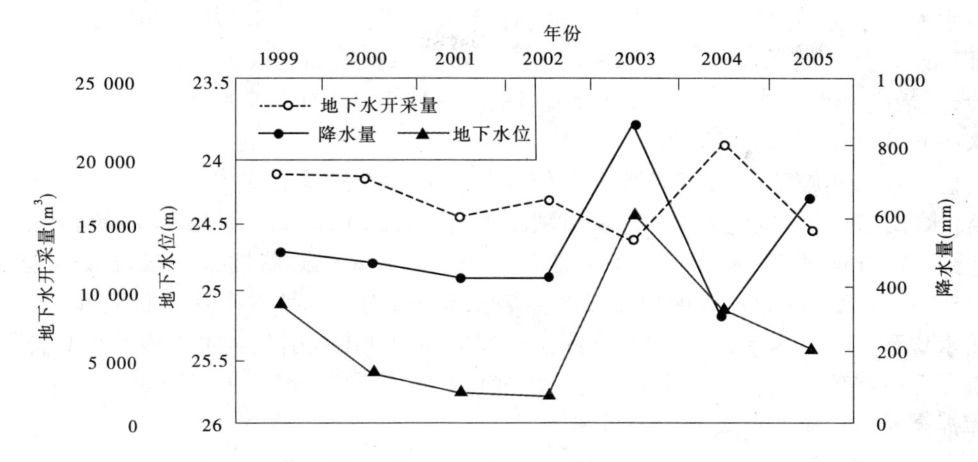

图 6-6　宝鸡峡灌区地下水位、地下水开采量及降水量变化

2005年地下水位有所回升,宝鸡峡和冯家山灌区地下水总体处于稳定状态,局部呈现稳中有降趋势。这是地下水资源“以丰补欠”、特别是在干旱年优于地表水资源的特征体现。就宝鸡峡灌区、冯家山灌区而言,外部补排条件的变化对灌区内地下水位的变化影响较大,在1999~2005年期间,由于两灌区地表水引用量明显减少,地下水开采量相对增大,造成两灌区局部区域地下水呈现下降趋势。

为防止上述区域地下水位持续下降及地下水超采问题发生,应做好以下几方面的工作。

(1)在地下水位下降幅度较大的区域,加大地表水引用量,增大地下水资源有效补给,适当控制地下水开采量,抑制水位持续下降趋势。

(2)加强管理,实现渠井结合,地表水和地下水统一管理,联合调度,合理利用水资源。

(3)加强地下水监测工作,实行实时测报、预报工作,科学指导地表水的灌溉和地下水的开采。

四、水库周边环境影响

关中灌区改造项目涉及3座水库溢洪道加高或加闸,使水库最高蓄水位或正常蓄水位变高。表6-5为3个水源项目实施前和项目实施后,设计最高蓄水位、设计正常蓄水位和实际已经达到的最高蓄水位统计表。

表 6-5　项目实施前后水库蓄水位统计　　(单位:m)

蓄水位	宝鸡峡林家村渠首水库	宝鸡峡沿河水库	桃曲坡水库
项目前设计最高蓄水位	615.0	544.5	788.54
项目后设计最高蓄水位	636.0	544.5	788.54
项目前设计正常蓄水位	615.0	541.0	784.00
项目后设计正常蓄水位	636.0	544.5	788.50
项目实施后已经达到的最高蓄水位	615.0	538.0	788.50

水库蓄水位的抬高可能导致对水库周边环境产生不利影响。从表 6-5 可以看出,按照项目设计,沿河水库和桃曲坡水库都是将正常蓄水位抬高到接近或等于原水库最高蓄水位,而最高蓄水位并没有改变,只有宝鸡峡灌区林家村水库正常蓄水位提高了 21 m,由原来的 615.0 m 提高到 636.0 m。

但在项目实施期间,由于西安—兰州铁路复线修建,林家村水库仍按原水库运行方式运行,水库最高蓄水位仍为原水库溢流坝坝顶高程,即 615.0 m。沿河水库最高蓄水位也仅达到 538.0 m,低于项目前水库正常蓄水位 541.0 m。桃曲坡水库最高蓄水位达到 788.50 m,尚低于项目前水库最高蓄水位 788.54 m,而桃曲坡水库在项目实施前曾在最高蓄水位下运行。因此,除林家村水库溢流坝加坝加闸工程引起 841 人移民搬迁安置外,关中灌区改造项目实施对水库周边环境的实际影响甚微。今后,项目应重点关注林家村水库提高蓄水位后对周边环境的影响。

五、移民环境管理

关中灌区改造项目只有宝鸡峡林家村渠首加坝加闸工程涉及移民安置,共需安置移民 841 人,其中 335 人外迁,506 人后靠安置。

按照《移民行动计划》的要求,本项目涉及的移民已得到妥善安置,目前移民在安置点已安居乐业,移民安置目标基本实现。

移民安置区环境管理主要包括移民安置村环境基础设施建设和安置区公众健康两方面内容。

(一)环境基础设施建设

移民安置环境基础设施建设包括饮用水供水工程设施、村内排水设施、街道硬化及供电设施建设等。各移民安置村环境基础设施建设情况详见表 6-6。

表 6-6　移民安置村环境基础设施建设情况统计

安置方式	安置村	人饮工程					输电线路		排水渠		街道硬化	
		处	机井	蓄水池(m^3)	管道(m)	投资(万元)	长度(m)	投资(万元)	长度(m)	投资(万元)	面积(m^2)	投资(万元)
后靠	坊塘村	4	0	35	2 510	21.50	1.5	2.0	603	1.8	2 310	15.30
	田那下村	1	1	0	1 150	12.50	2.5	1.90	0	0	0	0
	称里村	2	1	80	1 130	13.50	0.55	0.95	0	0	0	0
	卒落村	1	0	0	980	1.40	0	0	0	0	0	0
	胡家山村	1	0	30	2 000	6.50	0	0	0	0	0	0
	李家塄村	1	0	0	1 300	3.46	0	0	0	0	0	0
	六川店村	4	0	118	2 950	6.20	0	0	0	0	0	0

续表 6-6

安置方式	安置村	人饮工程					输电线路		排水渠		街道硬化	
		处	机井	蓄水池(m^3)	管道(m)	投资(万元)	长度(m)	投资(万元)	长度(m)	投资(万元)	面积(m^2)	投资(万元)
外迁	唐家塬村	1	1	0	1 735	4.20	1	16.00	800	1.00	256	2.50
	斜坡村	1	0	0	340	0.60	0.5	1.00	340	0.34	1 110	2.66
	小寨村	1	1	38	375	4.50	1	0.86	750	1.00	400	4.00
	罗家塄村	1	0	0	600	1.10	0.5	1.50	200	0.45	540	3.24
	五联村	1	0	0	400	0.51	0.34	0.34	0	0	7 000	82.00
合计		19	4	301	15 470	75.97	7.89	24.55	2 693	4.59	11 616	109.7

(二)移民安置村的公众健康

根据项目的《环境管理实施计划》,环境管理办公室主要关注了移民安置村饮用水安全和卫生防疫工作。

(1)饮用水安全。从 2004 年起,环境管理办公室聘请西安市环境监测站对唐家塬村、斜坡村和小寨村等三个外迁移民安置村的饮用水质进行了监测,监测结果表明,三个移民村的饮用水水质符合《生活饮用水水源标准》一级标准(详见本章第五节),饮用水是安全的。

(2)卫生防疫。环境管理办公室委托咸阳市疾病预防控制中心在 2004 年、2005 年对移民安置区卫生防疫情况进行了专项调查。调查结果表明:移民安置村选址合理、移民村卫生状况良好、饮用水质安全、移民安置村和其他项目影响村未发生任何传染病流行。

六、农业生态环境变化

由于关中灌区改造项目的实施,提高了农田灌溉保证率,有可能引起灌区作物种植结构、化肥用量、农作物病虫害、农药用量及土壤质量等农业生态环境部分要素的变化。因此《环境管理实施计划》把农业生态变化作为重点关注的又一环境事项。

从 2004 年起,省项目办委托西北农林科技大学农业生态专家对项目区农业生态变化情况进行了连续两年综合调查、分析与评价。

调查结果表明,项目实施促进了项目区农业生态向好的方面转化,并且随着项目运行效益的持续发挥,项目区的农业生态会逐渐向更好的方向转化,主要表现在以下几个方面。

(一)促进了灌区种植结构的调整

灌区改造工程灌溉用水保证率的提高为关中地区农业产业结构的调整提供了保障。灌区各地由以粮食生产为主的单一结构模式逐渐调整为粮、棉、油、果、菜、花卉、烟草等多种作物生产全面发展的多元型结构格局,如图 6-7 所示。

灌区农业产业结构的调整明显地美化了地区生态景观,降低了沙尘和干热风等灾害性天气的发生概率。

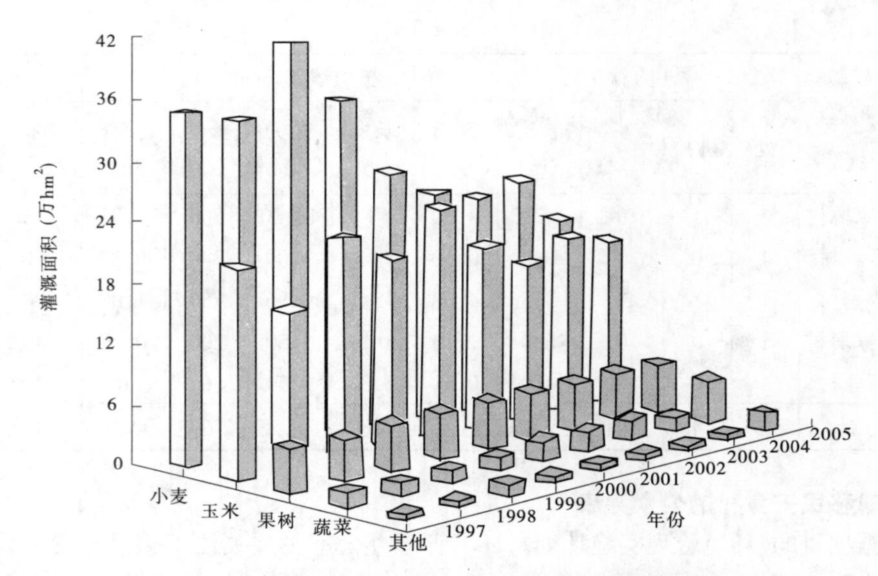

图 6-7　1997～2005 年灌区灌溉作物类型与种植面积变化统计

（二）改善了项目区农业生态系统的水环境状况

项目的实施，降低了输配水过程中水资源的无益损耗，提高了作物的水分保证系数，扩大了灌溉面积。灌区排水沟渠的建设以及井灌排水方式的使用，使灌区地下水位可以得到控制。灌区改造工程显著地改善了关中灌区农田生态系统的水环境状况。

（三）改良了中低产田

灌区改造工程促进了项目区内中低产田的改良，使项目区土地质量等级有了明显的提高，显著地提高了土地生产力和粮食产量，为农业产业结构进一步调整奠定了前提条件和可能性。

（四）灌区植物病虫害、杂草未出现异常情况，农药使用量有递减趋势

2005 年，西北农林科技大学农业生态专家在关中灌区农药使用量相对较高的果园与菜园分别采取了土壤样品，监测土壤中农药残留量，在测试的精度范围内均未检出有农药残留问题。

农业生态环境调查还发现了由于项目实施前，长期使用化肥结构不合理，造成了土壤养分比例失衡、土壤表层板结、硬化等问题，为项目区今后进一步改善农业生态环境指明了方向。

七、灌溉水质

关中灌区主要引用地面水作为灌溉水源，灌溉水质的好坏直接影响到灌区农业生态环境、灌区农产品质量以及灌区的可持续发展。

关中九大灌区中存在水源污染威胁的灌区有以渭河水为水源地的宝鸡峡灌区和交口抽渭灌区，以泾河水为水源的泾惠渠灌区以及以洛河水为水源地的洛惠渠灌区。

为了保障灌区灌溉水质的安全，项目办根据《环境管理实施计划》，主要开展了灌区水质保护措施的落实、渠系及河道水源水质的监测以及灌区水污染源的调查等工作。

(一)灌区水质保护

为了保护进入灌区的水不再受到进一步污染,项目区主要采取了以下措施。

1. 宣传教育措施

灌区对农户开展广泛深入地宣传与教育,在保护水质量方面发挥了巨大作用。交口抽渭灌区水源污染威胁大,灌区管理单位重视对渠系周边群众的宣传与教育,禁止向渠道倾倒生活垃圾、排泄生活污水,确保水源不再加重污染,取得了明显的成效。

2. 管理措施

灌区雇用当地有威望的村民担任斗长,实行分段承包管理维护,及时清除垃圾,疏通渠道,保护渠系水质不再受污染。

3. 工程措施

各灌区对经过城区、村落的渠道进行了加盖封闭处理,冯家山灌区在项目区的干渠经过村庄处修建了固定的垃圾台,将生活垃圾收集统一处理,既方便了群众,又保护了水源免受污染。

桃曲坡灌区、冯家山灌区、石堡川灌区、洛惠渠灌区等有关企业或单位在灌溉渠道上架设排污管道或渡槽,使污水排入了当地排污系统网,杜绝了污水进入灌溉系统。

4. 协作消除污染源

灌区管理部门与当地环保部门等单位密切协作,促使关闭了一些生产条件简陋、污染严重的企业,改造了一些企业污水处理措施与排放方式。据统计,关中灌区这几年内共关闭造纸企业、制药企业和水泥生产厂 8 个,改造企业污水处理设施 2 个,消除或减少了区内工业对渠系水流的污染。

(二)水质监测

自 2004 年起,项目办聘请西安市环境监测站对灌区渠系水质和灌溉水源河道水质进行了水质监测。

1. 渠系水质监测

表 6-7 为渠系水质监测地点、监测项目和监测频次统计。

表 6-7 渠系水质监测点位、监测项目及监测频次统计

灌区名称	监测点位	监测项目	监测频次
交口抽渭灌区	西五支渠出口	COD、BOD_5、SS(悬浮物)总磷、pH、全盐量、挥发酚、Pb、Hg、Cr^{6+}、F^-、石油类	2004 年冬季灌溉期一次;2005 年春、夏、冬季灌溉期各一次
	刁张抽水站出水池		
桃曲坡灌区	岔口枢纽出口		
羊毛湾灌区	十六支渠进口		
	二十支渠进口		

注:①羊毛湾灌区二十支渠 2005 年已改为排污渠,因而 2005 年没有进行该监测点的水质监测。

②由于灌区缺水或雨水充足等原因,灌区没有进行夏灌,因此未进行夏灌水质监测工作。

渠系水质监测结果表明:灌区灌溉渠渠水中重金属汞、铅、六价铬的监测结果多数为"未检出",少数检出项目也远远低于农田灌溉水的限制标准。灌区灌溉水质基本达到了

《农田灌溉水质标准》(GB 5084—92)旱作标准规定要求,说明虽然灌区引用受到污染的河源水灌溉,但是目前尚未对灌区用水构成威胁,关中九大灌区灌溉用水目前是较安全的。

2.灌溉水源水质监测

表6-8为灌溉水源河道水质监测地点、监测项目和监测频次统计。

水源水质监测结果表明:洛河、泾河水质好于渭河;灌区水源渭河的3个取水点,仅有宝鸡峡渠首林家村取水点水质达到《地面水环境质量标准》(GB 3838—2002)中Ⅴ类标准。由于受沿途宝鸡市、咸阳市、西安市大量未处理的工业、生活污水的污染,宝鸡峡塬下灌区渠首魏家堡渭河取水点、交口抽水站渭河取水点的水质呈劣Ⅴ类。虽然上述水源水质尚能满足《农田灌溉水质标准》,渭河水污染治理仍然是该项目今后重点关注的环境事项之一。

表6-8　灌溉水源河道水质监测地点、监测项目和监测频次统计

灌区名称	监测点位	监测项目	监测频次
交口抽渭灌区	渭河交口抽水站	pH、SS(悬浮物)、COD、BOD_5、NH_3-N(氨氮)、挥发酚、硝酸盐氮、As、Hg、Cr^{6+}、F^-、总磷、石油类	2004年10、12月;2005年3、4、7、10、12月
泾惠渠灌区	泾河张家山水文断面		
洛惠渠灌区	北洛河洑头水文断面		
宝鸡峡灌区	渭河林家村断面		
	渭河魏家堡断面		

(三)污染源调查

2006年4月,项目办聘请西北农林科技大学的专家对灌区污染源情况进行了专项调查,调查基本结论如下:

(1)水源水质污染最严重的是渭河。渭河是关中地区的第一大河,穿越了宝鸡、咸阳、西安、渭南等市区,陕西省工业大多集中在这四个地区,全省90%以上的工业污水集中在渭河流域。关中城镇人口约占陕西省城镇人口的74.4%,主要集中在西安、宝鸡、咸阳、铜川、渭南等城市。大量的城镇生活污水排入渭河,加大了渭河的污染负荷。

2004年4月宝鸡市修建的十里铺污水处理厂投产,现在日处理能力已达9万 m^3/d,市区北岸污水通过污水管可进入十里堡污水处理厂,使林家村渠首至金渭湖河段污水排入量减少了70%左右;2005年宝鸡市又在清姜河河口和金陵河口修建了橡胶坝,把清姜河和金陵河污水集中排放入污水管道,然后再通过污水处理厂处理后,排放入渭河。通过这些措施的实施,渭河的水质有了一定的改善。

(2)在部分灌溉渠段上仍有小型企业排污。在关中灌区范围内,程度不同的污染源有13个,其中生产性污染源有7个,生活性污染源有6个。在生产性污染企业中有4个企业排放的污水存在着一定的危害性,分别属于羊毛湾、石头河、冯家山灌区。虽然这些企业的排污量不大,目前尚未造成明显的危害,但从环境累计效应去看这些企业污染的危害性,今后应采取措施制止这些企业向渠道排污。

调查表明,在世界银行项目区整修过的渠段内未发现有排污点,说明渠道整修工程是保证灌溉水质量的有效措施之一,应当对灌区渠道工程进行全面整修。

(四)《渭河流域近期重点治理规划》

陕西省编制的《渭河流域近期重点治理规划》,已通过国务院审查和批复,2006年开始启动实施。该规划计划用10年左右时间,通过调水、治污、工程措施与非工程措施的建设,初步解决渭河流域水资源短缺、水污染严重、下游防洪形势严峻和水土流失等突出问题,促进渭河流域经济社会可持续发展。规划项目总投资229亿元,其中涉及渭河陕西段的投资160亿元。

根据规划,水资源保护的重点是加强工业污染源治理,建设城市污水处理厂,严格控制污染物排放总量,同时建设渭河沿线西安、宝鸡、咸阳、铜川、渭南等地区垃圾处理项目。通过这些防污治污措施,使渭河干流水环境有较大改善,基本消除Ⅴ类和劣Ⅴ类水质。该规划的实施将为灌区灌溉水质提供长期根本保障。

(五)基本结论

(1)项目实施期间,项目办采取了灌溉渠系水质保护措施,灌溉水质满足《农田灌溉水质标准》要求,实现了项目水质目标。

(2)灌区水源水质,特别是渭河水质污染仍然很严重,存在对灌区农业生态环境的潜在威胁,今后应重点关注。

(3)经国务院批准的《渭河流域近期重点治理规划》的实施,将改变渭河水污染现状,基本消除Ⅴ类和劣Ⅴ类水,关中灌区灌溉水质有望得到长期保障。

八、公众健康

根据《环境管理实施计划》,项目办开展了公众健康调查和移民村饮用水质监测工作。

(一)公众健康调查

自2004年起,陕西省项目办委托陕西省咸阳市疾病预防控制中心对项目影响村,包括移民安置村以及项目施工区公众健康情况进行了连续两年的跟踪调查。表6-9为被调查项目影响村、移民安置村统计,表6-10为公众健康调查人数统计,表6-11为被调查施工区统计。

表6-9　项目影响村、移民安置村公众健康调查统计

灌区名称	调查点名称(项目影响村、移民村)			
宝鸡峡	泔河村	杏林村	斜坡村(移民点)	
洛惠渠	店子村	洑头村		
石堡川	北天坪村	关家桥村		
桃曲坡	苏家店村	水库管理站		
泾惠渠	栎阳村	西阳村		
交口抽渭	华莲村	黑阳村		
冯家山	齐横村	高家庄村	吴家村	仝寨村
石头河	宁渠村	杨新庄	河底村	
羊毛湾	贾赵村	新店村		

表 6-10　公众健康调查人数统计

灌区名称	宝鸡峡	洛惠渠	石堡川	桃曲坡	泾惠渠	交口抽渭	冯家山	石头河	羊毛湾	合计
村民	273	226	199	149	328	314	220	233	153	2 095
施工员	89	85	—	38	162	90	117	111	35	727

表 6-11　施工区公众健康调查统计

灌区名称	调查点名称(施工区)			
宝鸡峡	泔河水库	北干渠	大北沟水库	
洛惠渠	渠首枢纽	洛西干渠		
石堡川	—	—	—	
桃曲坡	渠首枢纽	高干渠		
泾惠渠	石桥站危房改造工程	管理局危房改造工程	一支渠上段	五支渠
交口抽渭	西排干沟	北干渠衬砌	任家抽水站	南干渠
冯家山	北三抽泵站改造	北十五支渠	南四支渠	
石头河	东干二支渠	东干渠远门河段改造		
羊毛湾	老鸭嘴水库	—		

两年公众健康调查结果表明:

(1)项目实施没有对项目影响区、移民安置村以及施工区施工人员的身体健康带来明显的负面影响。

(2)施工过程中产生的噪音、粉尘对施工工人的影响是轻微的、暂时的。

(3)项目实施期间未发生任何传染病流行,未出现公众健康方面的公众抱怨。

(二)移民安置点饮用水水质监测

省项目办聘请西安市环境监测站连续两年对本项目 3 个移民安置点的饮用水水质进行了监测,监测数据表明,本项目 3 个移民安置点饮用水水质良好,满足饮用水水质标准要求(详见本节五)。

九、项目移民征迁管理

关中灌区改造工程涉及到的移民征迁项目有宝鸡峡林家村渠首加坝加闸、宝鸡峡泔河水库溢洪道加闸、洛惠渠渠首加固改造三项水源工程以及宝鸡峡、交口抽渭、冯家山、石堡川四个灌区的少量零星土地征用,项目移民及土地征迁计划见表 6-12。

表 6-12　移民及土地征迁计划

工程名称	移民(人)	土地征迁(hm^2)
宝鸡峡林家村渠首加坝加闸工程	841	110.52
宝鸡峡泔河水库加闸工程		55.4
洛惠渠渠首加固工程		3.93
宝鸡峡渠道改造工程		4.66
交口渠首改造工程		0.82
冯家山防汛道路等改造工程		6.37
石堡川防汛道路等改造工程		5.77
合计	841	187.47

(一)宝鸡峡林家村渠首加坝加闸工程占地补偿

宝鸡峡林家村渠首加坝加闸工程的实施,使林家村渠首由原无调节枢纽转变为水库调节枢纽,成为有淹没征地和移民搬迁安置的工程项目。宝鸡峡林家村渠首加坝加闸工程水库淹没涉及宝鸡县 4 乡 7 村 11 个村民小组,需安置移民 217 户 841 人,征用各类土地 110.52 hm^2,其中耕地 72.15 hm^2,园林地 20.66 hm^2,用材林地 9.44 hm^2,宅基地 5.83 hm^2,鱼池 2.44 hm^2。拆除各类房屋 24 322 m^2,以及部分道路、输电线路、通讯设施和部分小型水利工程需要迁建。

在实施移民安置和土地补偿方案时,补偿标准基本执行了《移民安置行动计划》的标准,只是对个别项目的归类不同。表 6-13 为宝鸡峡林家村移民征迁实施情况统计表。

表 6-13　宝鸡峡林家村移民征迁实施情况统计

序号	项目名称	单位	数量	投资(万元)		备注
				计划	实施	
一	农村移民补偿费					
1	征用土地补偿	hm^2	110.52	1 008.34	1 063.77	
2	补偿搬迁运输	户	217	95.04	58.88	
3	补偿房屋及附属建筑物	m^2	24 322	268.94	356.51	
4	补偿基础设施	项	8	0	665	
5	补偿教育设施(小学校)	处	7	0	56.61	
6	补偿零星树木	株	28 823	38.40	38.40	
二	专业项目复建补偿费					
1	小型水利工程复建	处	58	400	59.96	
2	恢复库周边交通道路	km	8	243.88	12.95	
三	库底清理费	万元		4.00	15.28	
四	其他费用	万元		386.19	172.77	含技术培训等费用
合计				2 444.79	2 500.13	

(二)宝鸡峡泔河水库加闸工程土地征迁补偿

宝鸡峡泔河水库地处关中平原中部礼泉县城北 3.5 km 泔河与小河汇流处,位于宝鸡峡西干渠末端,是一座渠库结合的水库。泔河水库加闸工程是为提高宝鸡峡灌区供水效益的蓄水改造工程,改造后正常蓄水位提高 3.7 m。淹没、塌岸损失各类土地 55.4 hm^2,涉及 2 县 3 乡 7 个自然村,分布极为零散,在一个村组内一般征用土地 0.08～0.22 hm^2。

宝鸡峡泔河水库加闸工程征迁实施方案的补偿标准和征迁安置计划相比基本没有变化,按照《泔河水库溢洪道加闸工程征迁计划》已完成了全部土地补偿工作,详见表 6-14。

表 6-14　沮河水库淹没土地补偿完成情况

序号	项目名称	单位	数量	补偿资金(万元)
一	库区淹没补偿			484.06
1	淹没土地补偿	hm^2	23.94	303.34
①	果园	hm^2	7.4	155.40
②	粮油	hm^2	10.06	120.80
③	莲池、芦苇	hm^2	1.08	19.04
④	荒地	hm^2	5.4	8.10
2	塌岸土地补偿	hm^2	31.46	122.72
3	淹没固定设施补偿	处	1	58.00
二	库区专业迁建			186.00
1	罗家坝加固工程	处		62.00
2	库区右岸砌护工程	处		48.00
3	小河公路砌护工程	处		12.00
4	14 处抽水站防护加固工程	处	14	46.00
5	路桥工程			18.00
三	其他费用			39.10
1	农技培训	万元		5.60
2	设计、监测、管理费用	万元		33.50
合计				709.16

(三)洛惠渠渠首大坝加固工程土地征迁补偿

洛惠渠灌区渠首大坝位于北洛干流下游澄城县交道乡洑头村,距澄城县县城 15 km。渠首枢纽建成于 1935 年,采用低坝枢纽自流引水。洛惠渠渠首加固改造工程主要建设内容为:对原溢流坝体外包混凝土加固,增设三孔冲砂底孔,上游引水渠进口增设进水闸,增设坝后交通桥、左岸护岸及管理站等辅助工程。工程不涉及水库淹没和移民,只有少量的工程占地,共征用土地 3.93 hm^2。

洛惠渠渠首加固改造工程征用的土地量较小,对村民影响较小。洛惠渠项目执行办按国家有关规范进行建设用地的征用,土地补偿完成情况见表 6-15。

(四)项目零星征地补偿

关中灌区改造项目零星征地共涉及 4 个灌区的 14 项工程。征地采用的政策、规范、标准参照宝鸡峡灌区林家村渠首加坝加闸工程和沮河水库加闸工程移民征迁行动计划的有关要求执行。共征用土地 17.62 hm^2,完成投资 239.64 万元。补偿完成情况见表 6-16。

表 6-15　洛惠渠渠首加固工程征地补偿完成情况

序号	项目名称	单位	数量	补偿资金(万元)
一	辅助工程永久占地			
1	场外交通道路	hm^2	1.44	22.75
2	管理设施	hm^2	0.47	7.35
二	主体工程永久占地			
1	左岸	hm^2	1.36	21.53
2	右岸	hm^2	0.66	10.50
三	地面附着物补偿			
1	树木补偿	棵	2 719	9.22
2	其他附着物补偿	万元		5.21
合计				76.56

表 6-16　关中灌区改造工程零星征地补偿完成情况

序号	项目名称	数量(hm^2)	费用(万元)
1	宝鸡峡灌区	4.70	72.69
2	交口抽渭灌区	0.82	5.175
3	冯家山灌区	6.36	72.77
4	石堡川灌区	5.74	42.43
合计		17.62	239.64

十、文化遗产保护

关中灌区改造项目文化遗产只涉及洛惠渠渠首文化遗产，是指建在洛惠渠渠首的原“龙首亭”。该亭始建于 1935 年，亭中立有原国民政府主席林森题写的“龙首坝”石碑。由于洛惠渠渠首大坝在中国属于早期建设的大坝之一，故该亭有一定文化遗产价值。

1998 年本项目环评时，“龙首亭”尚未列入陕西省文物保护名单，因而没有列为文化遗产评价。2004 年，陕西省文物局将“龙首亭”列为省二级保护文物，要求对该亭进行保护。

根据项目工程设计要求，“龙首亭”须由原址移到左副坝后中部回填土上，新龙首亭址距原亭址 10 余 m。按照文物保护要求，本项目列出专款，聘请有经验的古建施工单位将“龙首亭”进行了保护性迁移。

“龙首亭”于 2006 年 4 月 5 日开始复建，同年 6 月底全部复建完毕。复建时根据原亭子的结构，逐件利用原物进行恢复建设，保持了“龙首亭”的原来风貌。

第五节　项目环境监测

一、环境监测计划

关中灌区改造项目环境监测工作分为两个阶段进行。第一阶段，由于环境监测中心设在水利厅，不在项目办职权控制范围内。这一阶段的环境监测事实上只进行了原《环境管理与监测计划》中列出的属于政府机构例行的环境监测工作，包括河道水质、地下水位、农业生态等监测，但是没有针对具体的关中灌区改造项目进行专门的环境影响分析和评价。第二阶段，根据《环境管理实施计划》，环境监测工作由项目办环境管理办公室负责组织实施。环境监测计划包括监测项目、监测内容、监测地点、监测参数、监测频次、监测实施机构等，详见表5-6。

二、环境监测计划的实施

项目办环境管理办公室根据环境监测计划，以咨询服务合同方式聘请相关环境监测单位或专家承担了相应的环境监测工作，各环境监测单位或监测专家都按照监测合同的要求履行了监测职责，完成了监测任务，并提交了环境监测报告。

(一)灌区增加引水对下游水资源的影响

项目办委托西北农林科技大学、水利部西北水利科学研究所对灌区增加引水对下游水资源影响进行研究。

1.研究目的

关中灌区改造项目有宝鸡峡灌区林家村渠首加闸、桃曲坡水库溢洪道加闸以及羊毛湾灌区“引冯济羊”工程，三项工程合计将增加引水量约1.4亿m^3。因为增加灌溉引水量，对下游河道水资源可能产生环境影响。本研究项目的目的就是分析评价增加灌溉引水量对下游河道的水资源影响，并提出相应的对策建议。

2.研究范围

宝鸡峡灌区、桃曲坡水库灌区和冯家山水库灌区的灌溉引水现状，以及改造工程实施后，灌区增加灌溉引水量对下游河道的影响。

3.研究时间

从1999年灌区改造项目开始，至2006年2月冬灌结束。重点工作时段为2004年8月～2006年2月。研究时间需根据世界银行要求和灌区改造工程进展情况，适当调整(延长或缩短)。

4.研究的主要内容

统计灌区冬灌、春灌、夏灌三个时段的灌溉引水量及全年引水量；提出灌溉引水相应时段的渭河、沮水河河道年径流量和月径流量；从灌溉引水的角度分析河道径流的变化及其影响。

5.研究报告形式与要求

以书面形式每年提交《灌区增加引水对下游水资源影响年度报告》一次；期末提交《灌

区增加引水对下游水资源影响总报告》;结合世界银行例行检查活动,提交阶段性的工作报告。

6.研究结论

(1)关中灌区改造项目实际上并没有增加宝鸡峡等三个灌区年灌溉引水量,因此项目实施对水库下游环境没有负面影响。

(2)2004~2005年,宝鸡峡林家村渠首加闸工程因其他原因,还没有正式下闸蓄水,渭河林家村至清姜河口5 km河段没有因为该工程的建设运行而出现断流;因宝鸡市金渭湖(人工湖)的建设运行,渭河林家村至宝鸡市区河段的生态用水条件优于以前。

(3)桃曲坡水库岔口断面以下的石川河,2004年12月和2005年3月,河道径流量分别为0.03 m^3/s和0.07 m^3/s,几乎出现了断流,这是由“汛期无汛”现象造成的;桃曲坡水库岔口枢纽以下河段无大中型水利工程,并且有地下水补给河水,因此该河段基本能保持生态用水。

(4)2004年和2005年,由于羊毛湾水库能满足本灌区的用水要求,两年来冯家山水库未向羊毛湾灌区调水,因此冯家山水库引水对千河下游的影响和工程改造前一样。虽然2004年1~3月和8~9月,2005年的1月和3月,千河冯家山断面下游的月平均径流量较小,但是在距离冯家山断面下游约12 km处是宝鸡峡灌区的王家崖水库,该水库的回水约8 km,在该河段形成了良好的生态水环境。

(二)项目区地下水监测

项目办委托陕西省水工程勘察规划研究院(地下水工作队)对灌区的地下水动态进行监测。

1.监测目的

通过对灌区地下水环境监测井网的建设,开展及时准确的地下水位、水质监测工作,及时掌握关中灌区因灌溉或水资源的不合理利用可能引起和出现的地下水超采、土壤盐渍化等环境问题,及时提出积极有效的措施和建议,以保证灌区改造工程实施后,水资源的合理开发和可持续利用。

2.监测范围

地下水监测范围为宝鸡峡灌区、泾惠渠灌区、交口抽渭灌区、洛惠渠灌区、冯家山灌区五个灌区。

3.监测项目和频次

地下水位监测:地下水位的监测每月逢1、6、11、16、21、26日各观测一次,每年观测72次。

地下水水质监测:水质监测井的布设主要考虑区域地下水水质的变化,布设在矿化度较高、可能产生盐渍化的区域,监测密度随水质的复杂程度而定。地下水水质的监测每年在春灌前采集水样一次,进行水质简分析。监测项目包括:K^+、Na^+、Ca^{2+}、Mg^{2+}、CO_3^{2-}、HCO_3^-、SO_4^{2-}、Cl^-、矿化度、离子总量、pH、总硬度、总碱度、味、嗅、色度、透明度、氟化物、硝态氮含量等。

4.监测时间

2004年8月~2005年12月。

5. 监测报告形式与要求

收集气象、水文、灌溉、地下水开发利用及社会经济等方面的资料，分析研究有关资料，编制相应的成果报告。

以书面形式每年提交《年度地下水环境监测成果报告》一份；期末提交《关中灌区地下水环境监测总成果报告》；结合世界银行例行检查活动，提交阶段性的工作报告。

6. 主要监测结果及结论

(1)根据地下水监测资料分析可知，各灌区年内地下水位最高期多为年初和年底，最低水位期为6～8月。地下水位变化情况是降水、灌溉和地下水开采综合影响的结果，同时还与地下水补排条件等因素有关。虽然影响各灌区地下水位变化的上述诸因素情况各有差异，但五大灌区地下水位两年来基本稳定，且稳中有降，并且地下水位下降值都在有关规范的允许值内。

(2)各灌区项目监测区地下水蓄变量有总体减少的趋势，地表水灌溉量也有明显减少的趋势，为保证农作物生长的适时用水，地下水开采量总体加大，导致地下水位整体有所下降，因此地下水蓄变量减少。

(3)根据地下水水质监测资料进行分析，各灌区地下水大多属于$\frac{H}{CM}$型水，其中阴离子以重碳酸根为主，阳离子则以钙镁为主。根据地下水水质评价标准(GB/T 14848—93)，灌区地下水水质各项评价指标基本没有超标，局部区域总硬度和矿化度超标的现象得到改善，加之该年度灌区绝大部分区域的地下水位又处于下降趋势，因此灌区的盐渍化程度没有加重，并且随着治理措施的加强，这一地下水环境问题正朝着逐渐改良的方向发展。

(三)灌区农业生态环境监测评估

项目办委托西北农林科技大学资源环境学院土壤物理与改良博士生导师、留苏生物学博士王益权教授对灌区的农业生态环境进行监测评估。

1. 监测目的

灌区改造工程的实施，引起自然水资源在时间和空间上的人为再分配，水环境的变化导致了农业生态结构和环境都发生了一定变化，如引起农业产业结构调整，作物复种指数提高，使农业需水量、施肥量及农药使用量增加等；不合理灌溉有时还可能产生一系列土壤质量退化问题，一般情况下，灌溉会增加土壤盐度，提高土壤钠离子饱和度，增加土壤pH值，降低土壤渗透性，破坏土壤结构等；农田土壤水环境的变化导致空气湿度的变化，必然会产生一些与水有关的植物病害和虫害问题，病害与虫害问题使农药需求种类和需求量发生一定的变化。为了掌握因增加灌区灌溉引水量而引起的这些农业生态方面的变化情况，有必要对灌区的农业生态环境进行监测评估。

2. 监测范围

监测范围为关中灌区改造工程整个项目区。

3. 监测内容

调查评价关中灌区作物结构布局、复种指数、灌溉面积、产量水平、农田杂草的类群和数量变化、农田土壤肥料、农药投入类型和数量变化、植物病害和虫害的变异等情况；重点监测土壤容重、土壤坚实度、土壤渗透系数、土壤结构、土壤pH值、土壤盐分类型和数量、土壤主要养分(氮、磷、钾)等土壤质量指标的变化情况。

4. 监测时间

2004 年 8 月～2005 年 12 月。

5. 监测方法

主要监测方法:①灌区实地调查;②依据陕西省农业统计年鉴和陕西省病虫测报站的年鉴等信息资料进行分析;③现场取样监测和测定。

6. 监测报告形式与要求

以书面形式每年提交《关中灌区农业生态监测年度报告》一次;期末提交《关中灌区农业生态监测总报告》;结合世界银行例行检查活动,提交阶段性的工作报告。

7. 主要监测结论

(1)灌区改造使该区农田生态系统中生物主体结构已经发生了全面地变化,实现了粮、果、菜等多种种植和经营模式,种植结构不断地向多元化和优化组合的集约化生产方向发展,为实现国民经济持续健康发展,丰富人们生活奠定了基础。

(2)由于灌区生产集约化程度增大,深耕、休闲、有机肥施用等改善土壤物理性状的措施没有得到有效实施,灌区土壤质量变化明显,主要表现为土壤紧实度增大、耕作层变薄、表层板结等物理障碍发生。

(3)灌区土壤结构基本没有受到影响,依然保持着黄土母质基本特性。虽然灌溉使土壤表层出现的板结现象较为普遍,但灌溉后通过及时的中耕松土可以消除土壤板结现象。

(4)土壤养分在灌区分布有一定规律:土壤氮素基本稳定,西部及黄土台塬区土壤磷素有不同程度的富积,钾素缺乏;东部磷素、钾素明显不足。灌区施肥不尽合理,导致了土壤养分失衡严重,但是目前灌区还没有发现土壤养分失衡影响到地下水质量的资料。

(5)灌区没有异常植物病、虫、害、杂草发生;因农业种植结构的调整,复种指数的提高,灌区农药、化肥使用量有增加趋势。

(四)灌溉水质及移民生活水质监测

项目办委托西安市环境监测中心对灌区的灌溉水质及移民生活水质进行监测和评估。

1. 监测目的

对灌区来说,供水安全就是灌溉水质必须符合《农田灌溉水质标准》(GB 5084—92)的要求。灌区就是一个灌溉供水体系,由水源供水通过灌溉渠系引水,把水输送到田间。水源水质和灌区渠系水质都符合农灌水质标准,才能确保灌溉引水的安全。为了发挥关中灌区改造工程的效益,保证灌区可持续健康地发展,有必要对其灌溉水质和移民区的生活水质进行关注并按期进行监测。

2. 监测范围

灌区灌溉渠系水质和河源水质监测范围详见本章第四节。

移民生活水质监测:宝鸡峡灌区的斜坡移民区、小寨移民区和唐家塬移民区的生活水质。

3. 监测项目

渠道水质和河源水质监测项目详见本章第四节。

生活水质监测项目：pH、Cl^-、Mn、Fe、硝酸盐氮、SO_4^{2-}、Hg、Cr^{6+}、Pb、总硬度、挥发酚、细菌总数。

4.监测时间和频次

灌区渠道水质和河源水质监测时间和频次详见本章第四节。

生活水质监测：每年在各移民点取样监测一次。

监测期：2004 年 8 月～2005 年 12 月。

5.监测分析方法

各污染物监测项目分析方法详见表 6-17。

表 6-17 监测项目分析方法

项目名称	分析方法	最低检出限	方法来源
pH	玻璃电极法	0.01(pH)	GB 6920—86
悬浮物	重量法	4 mg/L	GB 11901—89
化学需氧量	重铬酸钾法	5 mg/L	GB 11914—89
生物需氧量	稀释与接种法	2 mg/L	GB 7488—87
氨氮	纳氏试剂光度法	0.025 mg/L	GB 7479—87
油类	红外分光光度法	水样 1 L,0.05 mg/L 水样 500 mL,0.1 mg/L	GB/T 16488—1996
氯化物	离子色谱法	0.02 mg/L	①
氟化物	离子色谱法	0.02 mg/L	①
硫酸根	离子色谱法	0.1 mg/L	①
细菌总数	滤膜法		①
铁	火焰原子吸收分光光度法	0.03 mg/L	GB 11911—89
锰	火焰原子吸收分光光度法	0.01 mg/L	GB 11911—89
汞	双道原子荧光分光光度法	0.000 02 mg/L	②
六价铬	二苯碳酰二肼分光光度法	0.004 mg/L	GB 7467—87
铅	原子吸收分光光度法	苯取 0.01 mg/L 直接 0.2 mg/L	GB 7475—87
砷	双道原子荧光分光光度法	0.000 6 mg/L	①
硝酸盐氮	酚二磺酸分光光度法	0.02 mg/L	GB 7480—87
总磷	钼酸铵分光光度法	0.01 mg/L	GB 11893—89

注：①为中国环境科学出版社出版的《水和废气监测分析方法》(第四版)；②为中国环境科学出版社出版的《空气和废气监测分析方法》(第四版)。

6.监测依据和评价标准

监测依据：国务院 253 号令《建设项目环境保护管理条例》；《关中灌区改造工程环境管理实施计划》；国家环保局《水和废水监测及分析方法》。

监测评价标准：渠系水质执行《农田灌溉水质标准》(GB 5084—92)(旱作)；水源、河流水质执行《地面水环境质量标准》(GB 3838—2002)中Ⅴ类标准；饮用水执行《生活饮用水水源标准》(CJ 3020—93)一级标准。

7.监测结果评价分析

1)移民生活水质

宝鸡峡灌区林家村渠首移民区生活水质监测情况见表6-18。从表6-18中可以看出，移民区生活饮用水中所测项目氯化物、总硬度、挥发酚、pH、铁、硝酸盐、锰、铅、六价铬、硫酸盐、细菌总数的监测结果，均未超过《生活饮用水水源标准》(CJ 3020—93)中一级标准值。说明宝鸡峡林家村渠首加坝加闸工程移民生活饮用水目前未受到污染威胁，移民饮用水的水质是优良的。

表6-18　2004～2005年宝鸡峡库区移民饮用水水质监测结果　(单位:mg/L)

序号	监测项目	监测点位									评价标准值
		唐家塬移民区			斜坡移民区			小寨移民区			
		2004年	2005年	平均	2004年	2005年	平均	2004年	2005年	平均	
1	pH	7.58	7.78	7.68	7.45	7.39	7.42	8.1	7.76	7.93	6.5～8.5
2	Cl^-	6.46	5.5	5.98	6.71	5.77	6.24	8.69	5.8	7.245	<250
3	SO_4^{2-}	17.4	15.5	16.45	8.04	6.91	7.475	15.3	9.24	12.27	<250
4	总硬度	208	232	220	268	292	280	286	269	277.5	≤350
5	Fe	—	—	—	—	—	—	—	—	—	≤0.002
6	Mn	—	—	—	—	—	—	—	—	—	≤0.1
7	Pb	—	—	—	—	—	—	—	—	—	≤0.05
8	Hg	—	—	—	—	—	—	—	—	—	≤0.001
9	Cr^{6+}	0.02	0.023	0.021 5	0.018	0.019	0.018 5	0.02	0.02	0.02	≤0.05
10	挥发酚	—	—	—	—	—	—	—	—	—	≤0.002
11	细菌总数	3	1	2	15	9	12	5	30	17.5	≤1 000
12	硝酸盐氮	—	—	—	—	—	—	—	—	—	

2)灌溉饮水河源水质

关中灌区河源水质监测综合评价见表6-19,从表6-19中可以得出:

(1)洛河河源水质好于泾河河源水质,泾河河源水质又好于渭河河源水质。

(2)洛河、泾河两条河流水质为Ⅴ水,渭河水质为劣Ⅴ类水。

(3)渭河主要超标的污染物为石油类、COD、BOD、氨氮和总磷,其检测值都小于《农田灌溉水质标准》(GB 5084—92)(旱作)的标准值。

(4)渭河的林家村断面水质好于宝鸡峡塬下灌区渠首魏家堡断面水质和交口抽渭灌区渠首断面水质;渭河宝鸡峡塬下灌区渠首魏家堡断面和交口抽渭灌区渠首断面监测的项目中,主要超标的污染物都为石油类、COD、BOD、氨氮,说明渭河仍属有机型污染。造成污染的主要原因是由于接纳了河流沿途宝鸡市、咸阳市、西安市大量未处理的工业和生活污水,使得两个取水点的水质呈劣Ⅴ类状,给灌区的用水安全带来了隐患,详见表6-19。

表 6-19　2004～2005 年河道水源水质监测结果　　（单位:mg/L）

河源水体		年份	类别	主要污染项目及超标倍数
渭河	林家村断面	2004 年	Ⅴ	
		2005 年	Ⅴ	
	魏家堡断面	2004 年	劣Ⅴ	氨氮(NH_3-N)2.9,化学需氧量(COD)1.04,生化需氧量(BOD_5)0.7
		2005 年	劣Ⅴ	总磷 0.625,氨氮(NH_3-N)3.93,化学需氧量(COD)1.87,生化需氧量(BOD_5)1.9
	交口断面	2004 年	劣Ⅴ	总磷 0.71,氨氮(NH_3-N)2.09,化学需氧量(COD)1.16,生化需氧量(BOD_5)1.3
		2005 年	劣Ⅴ	总磷 1.195,氨氮(NH_3-N)3.82,化学需氧量(COD)1.29,生化需氧量(BOD_5)0.92,石油类 1.28
泾河	张家山断面	2004 年	Ⅴ	化学需氧量(COD)1.0,生化需氧量(BOD_5)0.8
		2005 年	Ⅴ	化学需氧量(COD)0.44,生化需氧量(BOD_5)0.18
洛河	洑头	2004 年	Ⅴ	
		2005 年	Ⅴ	总磷 0.36

3)灌区灌溉渠道水质

关中灌区灌溉渠道水质监测综合评价见表 6-20,从表中可以得出:

表 6-20　2004～2005 年灌溉渠系水质监测结果　　（单位:mg/L）

监测项目	监测点位										评价标准值
	羊毛湾灌区十六支渠		羊毛湾灌区二十支渠		桃曲坡灌区		交口抽渭灌区刁张站		交口抽渭灌区五支渠		
	2004 年	2005 年	2004 年	2005 年	2004 年	2005 年	2004 年	2005 年	2004 年	2005 年	
Hg	—	—	—		—	—	—	0.000 015	—	≤0.001	
总磷	0.1	0.025	0.09		0.32	0.985	1.03	0.73	0.57	0.57	≤10
氟化物	0.34	0.225	0.33		0.42	0.845	0.71	0.83	0.63	0.8	≤3
全盐量	194	299	176		454	569	766	750	784	740	≤1 000
Cr^{6+}	0.065	0.005	0.06		0.096	—	0.07	0.005 5	0.075	0.008	≤0.1
石油类	0.7	0.2	0.7		0.5	0.65	1.2	2.05	1.4	0.75	≤10
Pb	—	—	—		—	—	—	—	—	—	≤0.1
挥发酚	—	—	—		0.009	0.017	0.094	0.129	0.026	0.18	≤1
SS	17	17.5	28		24	52	200	231.5	59	289.5	≤200
BOD_5	—	2	—		4	19.5	34	34.5	46	29.5	≤150
COD	11	13.5	13		18	83.5	136	141.5	168	133	≤300
pH	8.3	8.21	8.2		8.05	8.14	7.52	7.74	7.49	7.67	5.5～8.5

(1)交口抽渭灌区刁张抽水站、西五支渠尾灌溉水中所测污染项目悬浮物超过《农田灌溉水质标准》(GB 5084—92)中旱作标准规定的极限值。这主要是由于交口抽渭灌区渠首河源接纳了渭河沿途城市的工业和生活污水的污染，以及渭河水质中含有较高的泥沙和渠道沿途村民丢弃生活、生产垃圾所致。

(2)2004 年和 2005 年灌区灌溉渠道水质达到了《农田灌溉水质标准》(GB 5084—92)中旱作标准规定要求，这说明灌区用水目前还未受到河源水质污染的影响，灌区灌溉用水是安全的。

(五)灌区卫生防疫调查分析

2004 年 8 月～2005 年 12 月，项目办委托陕西省咸阳市疾病预防控制中心对项目区的卫生防疫进行调查分析。

1.监测目的

通过对项目区和项目影响区人群进行卫生防疫抽样调查，分析评价整个改造工程施工对人群健康的影响，并提出相应的消除和减少这些不利影响的对策和建议。

2.监测范围

项目影响区人群、项目区施工人群和移民。

3.监测内容

项目影响区和施工区人群中重点传染性疾病的发病情况；项目影响区人群受施工现场有害因素的影响；项目区施工人群生活、工作场所有害因素对施工人员健康的影响；项目区及项目影响区卫生环境状况。

4.监测频次

每年施工期分别从选定项目影响区人群中选取 80～100 名进行一次调查；项目区施工人群选取 40～60 名进行一次调查。

5.监测方法

主要采用流行病学现场问卷调查的方法对施工现场环境卫生现状进行调查。

6.监测报告形式与要求

以书面形式每年提交《关中灌区改造工程项目卫生防疫调查分析年度报告》一次；期末提交《关中灌区改造工程项目卫生防疫调查分析总报告》；结合世界银行例行检查活动，提交阶段性的工作报告。

7.监测结果

(1)关中灌区改造工程在施工过程中所产生的噪音及粉尘对影响区人群有一定影响，但影响是暂时的、轻微的、个别的、有条件的，随着工程的结束，工地噪音和粉尘的消失，不良影响即可消除，更不会产生持久和不可逆的影响；关中灌区改造工程在施工过程中所产生的噪音和粉尘对施工区人群影响表现为刺耳、不适、咳嗽等现象，但是随着工程的结束其影响也将随之消除；关中灌区改造工程在施工过程中产生的其他有害因素(生活垃圾、建筑垃圾)对影响区和施工区人员的健康无影响。

(2)关中灌区改造工程施工过程中,影响区和施工区人群未发生传染性疾病。

(3)关中灌区改造工程项目区及影响区的卫生环境状况良好。

(4)移民区环境:移民新区选址合理,住宅建设基本符合卫生学要求,有充沛的符合卫生标准的生活饮用水源,移民的风俗习惯与当地村民基本相同,心态平和,无地方病及传染病的发生。

(六)灌区污染源调查

根据世界银行环境专家的建议,项目办委托西北农林科技大学资源环境学院土壤物理与改良博士生导师王益权教授对灌区污染源进行调查分析咨询。

1.调查目的

为了掌握灌区内向渠道排放污水的污染源的变化情况,发现新增加污染源时,及时向项目办报告,并建议项目办调整水质监测点的布置,随时监测灌溉水质,为管理单位解决环境污染问题提供依据。

2.调查范围和内容

在2004年各灌区执行办对项目区九个灌区的干、支渠道进行污染源调查的基础上,对照《环境管理实施计划(2004~2005)》,对九大灌区各条渠道的排污点位置、排污时间、排污量(每次量和年总量)、排污来源和排污物类型等进行一次全面的调查或监测,并提交相应的调查咨询报告。

3.调查时间

2005年12月25日~2006年3月25日。

4.提交报告

2006年3月30日提交《灌区污染源调查咨询报告》。

5.调查结果

在关中灌区范围内,程度不同的污染源有13个,其中生产性污染源有7个,生活性污染源有6个。在生产性污染企业中有4个企业排放的污水存在着一定的危害性,分别属于羊毛湾、石头河、冯家山灌区。污染源空间分布情况、污染原因与程度分析详见表6-21。虽然这些企业的排污量不大,目前尚未造成明显的危害,但从环境累计效应去看待这些企业污染危害性,今后应采取措施制止这些企业向渠道排污。

调查期间还发现,在关中灌区改造项目区,整修过的渠段内未发现有排污点,证明渠道整修工程是保证灌溉水质量的有效措施之一,应当对灌区渠道工程进行全面整修。

(七)宝鸡峡灌区沣河水库塌岸调查

根据世界银行环境专家建议,项目办委托咸阳市水土保持学会,对宝鸡峡灌区沣河水库库区塌岸情况进行了调查。

由于泔河水库大坝加固改造工程完工后，水库的正常蓄水位没有超过水库原来的设计最高蓄水位，因此泔河水库大坝加固改造工程没有造成水库周边塌岸发生。

表 6-21　关中灌区污染源调查统计

序号	灌区名称	排污企业	污染源位置	污水类型	排污量(L/s)	主要污染物和污染程度	备注
1	泾惠渠	××乳业厂	总干渠桥底镇处	生产污水	未排	轻微污染	
2	石头河	××制线染织厂*	总干渠齐镇处	生产污水	8	Cr 和 As	
3		××水泥厂	东二支金渠镇处	生产污水	2～3	水泥固结物	
4	冯家山	××制约厂*	总干渠陈村处	生产污水	4～5	As	
5		××印务厂	瓦岗寨	生活污水	1～2	轻微污染	
6	羊毛湾	××制药厂*	总干渠末端	生产污水	5	As	
7		××印染厂*		印染污水	30	Cr、As	
8		××果汁厂		生活污水	50	轻微污染	
9		××肉联厂		生活污水	30	轻微污染	
10		××纸箱厂		生活污水	50	轻微污染	
11		××棉织厂		生活污水	21	轻微污染	
12		××果汁厂		生产污水	8	轻微污染	
13		县城区污水		生活污水	110	成分复杂	
14	洛惠渠	××造纸厂	新关乡东三支	生产污水	未排	无污染	经过处理后排放

注:①污染原因及程度分析是依据企业类型和排污量进行理论推测估算。
②*代表生产性污染企业。

三、环境监测总体评价

根据重点关注环境事项开展的环境监测基本评价结论汇总表(见表 6-22)，可以得出以下主要结论。

(1)关中灌区改造项目的实施对环境的负面影响甚微。

(2)项目区的农业生态随着项目的实施运行在不断改善。

(3)项目区虽然仍然存在河源水质污染和渠道水质污染问题，但水质满足灌溉用水水质要求。为保证项目的可持续性，今后应注意改善灌溉水源水质，并加强河源水质以及渠道水质的监测。

表 6-22　环境监测基本评价结论汇总

监测形式	监测项目		测点及区域	监测机构	实施情况	基本评价结论
仪器监测	灌溉水质	交口抽渭灌区	西五支渠尾 刁张抽水站出水池	西安市环境监测站	实施	满足灌溉水质要求
		桃曲坡灌区	岔口枢纽出口			
		羊毛湾灌区	十六支渠进口 二十支渠进口			
	生活水质	宝鸡峡灌区	斜坡移民区蓄水池 小寨移民区水塔 唐家塬移民区水塔			满足饮用水要求
	地下水监测		监测井 91 眼(其中常规监测 70 眼)	陕西省水工程勘察规划研究院	实施	地下水位在正常范围;项目区盐渍化面积减少;未出现地下水超采
调查、评估、分析、预警	增加灌溉引水量对下游水资源的影响分析		林家村、桃曲坡水库、“引冯济羊”工程	西北农林科技大学西北水科所	实施	无负面影响
	水库塌岸		泔河水库	咸阳市水保协会	实施	在正常范围,影响很小
	农业生态		项目区	西北农林科技大学专家	实施	总体改善
	水质污染源		九大灌区	西北农林科技大学专家	实施	水污染源依然存在,但未加重和恶化
	移民安置区环境		林家村库区	咸阳市疾控中心	实施	环境状况良好,移民健康未受影响
	河源水质污染		河道水质	西安市环境监测站	实施	水质受到污染,但满足灌溉水水质要求
	卫生防疫		项目区	咸阳市疾控中心	实施	未发生流行传染病,公众健康未受影响

第六节　其他环境管理工作

关中灌区改造项目其他环境管理工作包括环境管理培训与考察、环境咨询、大坝安全、公众协商与信息公开等。

一、环境管理培训与考察

在关中灌区改造项目实施的第一阶段，由于项目办体系内没有设置专门的环境管理机构，因而也没有开展专项环境管理培训工作。

在关中灌区改造项目实施的第二阶段，从 2003 年 11 月起项目办先后组织举办了四次专项环境管理培训班和一次项目环境管理专项调研考察活动。共计培训项目管理人员、灌溉管理人员和农民代表 270 人次，参加考察人员 18 人次，详见表 6-23。

表 6-23　环境管理培训考察情况

序号	名称	时间	地点	参加人员	主要内容
1	第一次培训	2003 年 11 月 21～24 日	西安	项目办及灌区项目执行办的有关人员、项目设计、监理和各主要承包商的代表等共 85 人	环境与环境保护、世界银行与世界银行环境政策、世界银行贷款协议环境管理条款、《关中灌区改造工程项目环境影响评价报告》、关中地区地下资源现状及监测等
2	第二次培训	2004 年 2 月 25 日	西安	环管办和各灌区环管科人员、监理和承包商代表等 45 人	《关中灌区改造工程世界银行贷款项目施工期环境管理规定》的内容、作用以及实际操作办法等
3	第三次培训	2004 年 9 月 4～5 日	西安	项目办有关人员，灌区项目办环管科人员、项目监理代表共 50 人	《环境管理实施计划（2004～2005）》的编制目的、背景、过程及内容；各相关监测咨询专家讲解了各专业的相关知识、监测范围、内容、方法；安排落实实施计划中的其他工作
4	第四次培训	2006 年 1 月 7～10 日	杨凌	项目办和灌区执行办环境管理人员、各灌区灌溉管理人员、灌溉试验人员和用水农户代表共计 90 人	灌区作物病虫害、杂草及农药使用的环境效应、灌区土壤质量的演变趋势与保护技术、灌区水资源的科学管理与灌溉技术、灌区土壤养分演变趋势以及施肥对环境的作用与影响
5	考察	2005 年 11 月 24 日～12 月 5 日	湖北 安徽 广东	项目办和灌区执行办环境管理人员共计 18 人	湖北省长江干堤加固项目、安徽省铜汤高速公路项目、广东省东深供水改造工程

（一）第一期环境管理培训

根据世界银行第八次检查团的要求，同时为提高项目环境管理人员的素质，强化管理意识，了解项目环境管理的重要性、必要性，熟悉项目环境管理的模式、内容、程序和方法，解决项目实施过程中，环境管理存在的问题，关中灌区世界银行贷款项目办公室于 2003 年 11 月 21～24 日在西安市举办了为期 4 天的首期“关中灌区改造工程项目环境管理培训班”，特别邀请了世界银行环境咨询专家就环境与环境保护、世界银行与世界银行环境政策、世界银行贷款协议环境管理条款等进行了系统培训，参加培训的人员多达 85 人，包括项目办及灌区项目执行办的有关人员、项目设计、监理和各主要承包商的代表等。

在此次培训班上，项目办还邀请了陕西省水利电力勘测设计研究院(《环境影响评价报告》的编制者)、西安市环境监测研究所、陕西省水工程勘察规划研究院等单位的专家，分别讲授了《关中灌区改造工程项目环境影响评价报告》、环境监测和关中地区地下水资源现状及监测等环境方面的知识。

最后，项目办又组织参培人员运用所学知识，结合关中灌区改造工程的实际，与环境专家们一起，重新审视和分析了关中灌区改造项目的环境问题，还就市场经济条件下如何使项目环境管理融入整个工程项目管理等问题进行了探讨。

更为重要的是，项目办的参培人员和环境咨询专家组一起研究并制定了编制“关中灌区改造工程 2004～2005 环境管理实施计划报告”的原则、框架和整体思路，讨论并起草了该报告的编写提纲，为编制《环境管理实施计划》做好了准备。

这次环境管理培训，可以说是关中灌区改造项目环境管理工作的转折点，对提高项目各参与方的环境保护意识、促进关中灌区改造工程项目环境管理工作走上正轨、提高灌区改造工程项目环境管理水平等方面都起到了非常重要的作用，为后来项目环境管理的顺利开展打下了坚实的基础。这次培训班取得的主要成果和收获有以下几点。

(1)提高了认识，统一了思想。学员一致认为，项目的环境管理绝非简单的植树种草，而是项目管理的重要组成部分，环境管理活动存在于项目建设的整个周期，项目法人应对项目的环境管理负全责。

(2)查明了当前环境管理问题的症结所在。《项目协定》中的《环境管理与监测计划》之所以不能有效实施，关键是未抓住项目环境管理的中心，缺乏可操作性。

(3)明确了今后的工作思路。根据项目的实际情况，彻底改变以往不分主次和轻重缓急的工作方式，将环境管理资源主要集中于重点关注的环境问题，重新修订《环境管理与监测计划》，编制了《环境管理实施计划》。

(4)理解了环境监测的意义。环境监测是指广义上的监测，包括仪器监测、评价分析、调查研究、监督管理及监督性测量等内容，其目的是为环境管理服务，而不是为了监测而监测。已确定对环境的影响是轻微的、局部的、暂时的环境因子，随着施工的结束，这些影响也会消失，则没有必要进行监测；已有明确减缓环境影响措施的项目，也没有必要进行监测，但一定要监督减缓措施的落实；只有那些对环境的影响无法确定的项目，才需要进行仪器检测，再用监测结果分析影响程度，确定环保措施。

(5)项目环境管理一定要关注项目的可持续发展问题。

(二)第二期环境管理培训

2004 年 2 月 25 日，项目办在西安举办了第二期环境管理培训班。由项目办环管办主要讲解了《关中灌区改造工程世界银行贷款项目施工期环境管理规定》的内容、作用以及实际操作办法等。参加这期环境管理培训班的学员 45 人，分别来自于环管办、各灌区环管科、在建项目的监理和承包商等单位的专职管理人员或其代表。

通过这次培训，使受培人员对灌区改造项目施工期的环境影响的认识有了更进一步的理解和提高，明确了环境监理工程师进行环境监督管理的身份，以及项目各参与方在施工期环境管理中的责任、权利和义务及相互关系等。环管办还利用培训期间，各参与方代表相对集中的有利时机，组织培训人员就关中灌区改造工程上存在的环境问题及解决办法等进行了讨论，达成了许多共识，有利于项目《环境管理实施计划》的进一步落实和施工期环境管理工作的进一步开展。

(三)第三次环境培训

2004 年 9 月 4～5 日，项目办在西安举办了第三期环境管理培训班。培训班上，项目办的环管办主讲了《环境管理实施计划(2004～2005)》的编制背景、编制目的、编制过程、实施计划的内容和落实措施；项目办还邀请了西北农林科技大学资环学院、咸阳市卫生防疫站、西安市环境监测站及陕西省水工程勘察规划研究院的教授、专家，分别主讲了关中灌区农业生态环境、灌区改造工程与卫生防疫、灌溉水质和生活水质监测、地下水动态监测等方面的知识，介绍了各环境监测的监测范围、内容和方法等，并与各执行办协商了开展工作的具体方案和协作方式。

可以说，这次培训班是《环境管理实施计划》全面实施的启动会，标志着关中灌区改造工程项目环境管理工作由被动变为主动，为各项环境监测工作的顺利进行奠定了基础。

(四)第四次环境管理培训

2004～2005 年，项目环境管理进行的“灌区农业生态监测”活动，就灌区改造项目对区域农业生态的影响做了详细的调查、测评和监测，并对项目的建设管理和灌区灌溉管理提出了非常有益的意见和建议。为了用“灌区农业生态监测”成果指导灌区管理和农业生产，项目办于 2006 年 1 月 7～10 日在陕西杨凌举办了为期 4 天的第四期环境管理培训班，这次培训班的专题是如何转化“灌区农业生态监测”成果为生产力。参加这次培训班的学员有项目办和灌区执行办环境管理人员、各灌区灌溉管理人员、灌溉试验人员和用水农户代表共计 90 人。

项目办邀请了陕西省植物保护学会、西北农林科技大学水土保持研究所、西北农林科技大学的教授、专家，分别讲授了灌区作物病虫害、杂草及农药使用的环境效应、灌区土壤质量的演变趋势与保护技术、灌区水资源的科学管理与灌溉技术和灌区土壤养分演变趋势以及施肥对环境的作用与影响等农业生态方面的知识，教授们还与学员讨论了诸如灌溉与作物(小麦)苗情关系、不良灌溉对土壤质量作用等生产实践中的有关问题。还组织学员参观了杨凌节水灌溉研究中心、生态研究中心人工降雨大厅与黄土旱地农业研究成果展室、西北农林科技大学农业博览园和西北农林科技大学农业科技示范园。

这次培训采用“专家系统讲授基础知识—学员自由提问—相互交流与研讨—实地考察”等灵活的培训形式，既提高了学员的理论水平，又丰富了学员的生产实践知识。对灌区的灌溉管理和农业生产有一定的指导意义。

回顾关中灌区改造工程环境管理工作实际，实践证明，进行项目环境管理的系统培训是完全必要的，能收到事半功倍的效果。特别是对于进行项目环境管理这样的开创性工作尤为重要，全面系统的培训可以使环境管理人员明确该做什么、为什么做、如何去做等问题，避免少走弯路。

（五）环境管理考察

按照《环境管理实施计划》，项目办组织环境管理人员和环境监测人员到国内相关工程项目参观学习，开阔了视野，加深了对工程项目实施项目环境管理重要性和必要性的认识。

2005 年 11 月，项目办组织项目办、灌区环境管理人员和监测单位代表共 18 人组成的环境管理考察团，先后对湖北省利用世界银行贷款长江干堤加固项目、安徽省铜陵—汤口高速公路世界银行贷款项目、广东省东深供水工程的环境管理工作进行了考察学习，并就项目环境管理工作的组织实施和环境保护计划的落实等问题进行了相互交流和探讨。

通过环境管理的考察学习，在学习其他项目环境管理工作做法和经验的同时，也找出了关中灌区改造项目环境管理工作中的差距。主要体会有以下几点。

(1)制定一份高质量的《环境管理计划》，是项目环境管理工作的指南。安徽省铜陵—汤口高速公路世界银行贷款项目环境评价报告中的《环境管理计划》是一份针对性、操作性都很强的计划，指导着项目实施中的环境管理工作有条不紊地按计划进行。

(2)健全高效的环境管理机构，是环境管理工作顺利进行的保证。湖北省长江干堤加固项目建立的环境管理机构，管理、组织、协调能力强，确保了环境管理工作的高效、可持续开展。

(3)“以规治理，法规结合”，使施工期环境管理工作有法可依，有章可循。湖北省长江干堤加固项目环移办和安徽省铜陵—汤口高速公路世界银行贷款项目办在执行国家《环境保护法》的同时，结合各自项目特点，制定了《施工期环境管理规定》、《移民安置区环境管理规定》、《环境监理管理办法》、《环保及水保工作管理办法》等一系列规章制度，为项目环境管理工作提供了可靠的保证。

(4)专职环境监理的介入，使项目施工期的环境管理工作落到了实处。长江干堤加固项目环境监理在环境管理中起到了非常重要的作用。监理公司派出曾在黄河小浪底枢纽工程和山西万家寨引黄工程等世界银行贷款项目中担任过环境管理，经验丰富的专职环境监理工程师，按照《施工期环境管理规定》、《移民安置区环境管理规定》，管理施工区和移民迁/安区的环境工作，并协助工程监理编制环境管理规划，参与招投标全过程，审核施工单位提交的环保措施，参与工程验收等工作。使《施工期环境管理规定》、《移民安置区环境管理规定》中的环保措施在项目实施中得到了很好的落实。

(5)工程设计中考虑到生态、环境保护方面的因素，是环境意识提高的充分体现。安徽省铜陵—汤口高速公路世界银行贷款项目和广东省东深供水改造工程，在项目设计中引进新理念、新技术，充分考虑了生态、环境保护方面的因素，确保工程建设和生态环境治理的相互依存、有机结合，合作共赢。构建和营造了工程、人、自然生态三者和谐共处的良好局面。

(6)充足的资金投入为落实环境管理工作提供了条件。所考察的三个项目中，都有充足的环境保护资金投入来保障。在项目实施中，属于承包商环保范围的费用，在施工合同中要考虑；属于业主环境管理范围的(包括环境监理)费用，有充足的资金支持，为项目和环境管理工作提供了条件和可能。

环境管理培训及考察工作的开展，提高了项目环境管理参与人员的环境管理意识、管理水平，保证项目《环境管理实施计划》的顺利实施，使项目环境目标得以实现。

二、环境咨询

项目环境管理在我国尚属一个新的概念，项目环境管理涉及环境、农业、生态、地质、水利、卫生防疫等方面，环境管理办公室成员组成不可能涵盖上述各项专业技能，需要外部技术支持。

从2003年起，环境管理办公室就根据项目环境管理需要，聘请环境咨询专家组成了咨询专家组，不定期地对项目环境管理、环境报告编制、环境监测内容、参数、农业生态保护等进行技术咨询、指导。除环境咨询专家组外，环境管理办公室还就专项环境事项向相关环境专家进行咨询。环境咨询专家组和其他环境专家的咨询、指导对提高项目环境管理工作水平、实现环境管理工作目标起到了重要作用。

三、大坝安全

关中灌区改造项目涉及灌溉引水水源水库大坝11座，均为已建并运行多年的大坝。在项目实施期间，项目办根据世界银行要求，组成由国内外大坝安全专家组成的专家组对大坝安全情况先后进行了3次专项检查。检查内容包括大坝的水文、地质、设计与施工、监测与运行、应急计划等方面。根据专项检查结果，专家组完成了三份《大坝安全检查报告》。报告对每一座大坝状况均做了较为全面的描述，对存在的安全问题做了详细的说明，并提出了解决问题的具体措施和建议。

项目办根据上述报告，在大坝的设计、施工等方面采纳了专家组的意见和建议，采取了有力措施以消除大坝存在的安全隐患。

为了保证灌区大坝工程运行良好和正常维护，按《项目协定》要求，各灌区完成了相关大坝的《大坝安全计划》和《大坝工程运行维护手册》的编制工作，其中包括各水库大坝运行和维护计划及应急预案。

随着大坝加固改造工程的完成，大坝所存在的安全隐患已基本消除，大坝运行期间，各灌区《大坝安全计划》和《大坝工程运行维护手册》将付诸实施，大坝的安全运行有了可靠保障。

四、公众协商与信息公开

(一)公众协商

1.项目实施公众协商

在关中灌区改造项目实施前，项目办组织《环境影响评价报告》编制人员到灌区广泛征求公众对于项目实施的意见及看法。环境评价人员组织利益相关群体代表，包括项目区农民、受影响村群众、外迁与后靠移民和当地环境、水利、农业、卫生防疫等专业人员召开座谈会，就项目规划、设计方案、对环境的影响、环境影响评价报告、项目实施过程中的环境保护等进行协商，累计召开座谈会27次，参加座谈会人员219人次。

在项目实施过程中，项目办组织各灌区管理人员就项目实施计划、工程实施方案、工程实施时间安排等分头向项目区环境、水利、农业等相关管理部门以及项目区村民、受影响村村民等征求意见。特别是就如何调整工程施工时间和进度,尽量减少施工对农田灌溉的影响,与当地农业主管部门及灌区村民进行协调、协商。

另外,项目办于2003年8月在西安举办了灌区管理体制改革研讨会,于2005年4月在冯家山灌区召开了陕西农民用水者协会现场会。与项目建设者、灌区灌溉管理者、地方政府、地方非政府组织和农民代表共商关中灌区改造项目涉及的灌区管理体制改革大计。

2.移民安置公众协商

在制定《移民行动计划》时,项目办组织调查了库区、安置区几个移民安置点的环境容量、农业结构、种植业结构、林果投入产出以及人均收入等情况,并征求当地乡(镇)、村级干部以及安置村村民、移民等对《移民行动计划》的意见。

在组织实施搬迁时,项目办召集和组织移民代表(由不同年龄组成)参加座谈会,听取他们的意见、要求和建议;组织移民代表到安置区参观;成立移民搬迁协会,选举移民代表任移民会长或村长;项目办还不定期地召开移民代表座谈,倾听安置地群众与移民的意见,协商解决他们提出的各种问题。

另外,在召开移民安置各级联席会议时邀请移民代表参加,听取他们的意见,及时优化安置方案。

项目办共组织移民代表到安置区参观6次,召开移民座谈会20多次、移民区和安置区乡村干部会议30多次。

(二)信息公开

1.项目实施信息公开

关中灌区改造项目开始实施后,项目办充分利用各级大众媒体将项目实施的信息向公众公开,表6-24为项目信息公开活动统计表。

表6-24　项目信息公开活动统计

时间	地点	内容	媒体
2001、2002、2006年	西安	关中灌区改造工程项目建设"电视专题片"	陕西电视台
2004年	北京	GIIP专题报道	《中国水利报》
2005年	北京	GIIP专题报道	《人民日报》
1999年6月22日、7月19日、12月23日、2003年6月3日	西安	关中灌区改造项目启动、实施情况专题报道	《陕西日报》
2006年4月	北京	GIIP项目建设图片展	中国水博览会
2000～2006年	西安	GIIP项目建设图片展	世界水日纪念场地
2003年8月	西安	陕西灌溉管理体制改革	研讨会
2005年4月	冯家山	陕西组建农民用水者协会	灌区现场会
2000～2006年	西安	关中灌区改造工程启动、实施情况新闻报道(多次)	陕西电视台 陕西人民广播电台
2004年6月～2006年6月	西安	项目建设进展情况,发行项目简报(共24期)	项目办简报

注:GIIP是关中灌区改造项目(Guanzhong Irrigation Improvement Project)的缩写。

项目信息公开活动包括以下几方面。

(1)将《环境影响评价报告》陈列到西安市等公众图书馆,并通过报纸、电视台告知公众。

(2)利用中央和地方报纸及时报道项目实施情况,包括《人民日报》、《中国水利报》、《陕西日报》、《西安日报》等。

(3)制作系列电视专题片在陕西电视台播放。

(4)编制项目实施进展简报,分发到项目区和相关部门。

(5)制作专题图片于每年世界水日(3 月 22 日)在西安进行项目专题展览。

2. 移民安置信息公开

在移民行动计划实施过程中,项目办在库区设立的移民办事处采取广播、黑板报、宣传标语、散发宣传册、访问移民户、召开乡村干部及移民代表座谈会等形式,广泛宣传有关移民政策、实施计划、各项补偿、补助标准,使移民安置政策、《移民行动计划》家喻户晓,人人皆知。累计散发宣传材料 100 多份次,办宣传板报 15 期次。

3. 施工现场信息公开

在施工现场设立了一系列信息公开公示牌:工程建设公示牌(包括工程建设内容、建设单位、施工单位、监理单位、设计单位等信息)、工程环境管理公示牌(包括环境管理机构及其责任人、管理措施、监督举报电话等信息)、施工扰民公示牌、施工安全公示牌等。

第七节　关中灌区改造项目环境管理总结评价

一、项目环境管理总体评价

陕西省关中灌区改造项目实施过程中,根据世界银行《贷款协议》的要求,实施了本项目《环境管理与监测计划》。

在项目实施的第一阶段(1999～2003 年),尽管《环境管理与监测计划》在可操作性方面存在一定缺陷,但是在项目重点关注的工程施工环境保护措施落实方面,仍然取得了一定的成效。

在第二阶段(2003～2006 年),项目办根据《环境管理与监测计划》,不仅编制了《环境管理实施计划》,而且进行了全面落实。重新构建了以项目办为主体的环境管理体系,除对工程施工环境管理外,重点关注了区域环境问题,开展了环境监测、环境培训、环境咨询等工作,实现了本项目环境目标。

二、项目环境管理分项评价

(一)机构建立

第一阶段,环境管理机构是以政府部门为管理主体,关系复杂,难以有效运行,项目办利用项目管理机构进行环境管理,只重点关注了工程施工环境保护措施的落实。第二阶段,建立了以项目办为主体的新的环境管理体系。该体系以环境管理办公室为中心,关系清晰,职责明确,运行顺畅,有效、有力地保证了环境管理计划的全面实施。

(二)施工环境管理

关中灌区改造项目实施了《环境管理与监测计划》中要求的施工环境保护措施,使工程施工对环境的负面影响降低到了最低或可接受的程度。

(三)区域环境事项管理

(1)增加灌溉引水对下游的影响。与项目实施前多年平均值比较,本项目实施以来,灌溉引水没有增加,对下游无负面环境影响。

(2)土壤盐渍化。由于采取了修建排水设施,运用井排、井灌方式增加地下水开采量,减少地表水引用量,衬砌渠道减少渗入量等措施,项目区土壤盐渍化区域面积减少。

(3)地下水超采。未出现地下水超采问题。在三个可能出现地下水超采的灌区中,泾惠渠灌区增加了地表水引用量,减少了地下水开采量,从而有效地保持了地下水位基本稳定。而宝鸡峡灌区和冯家山灌区,由于地表水引用量明显减少,而地下水开采量明显增加,地下水位在项目实施期间平均下降超过 2 m,面临地下水超采的潜在威胁。今后应加大地表水引用量,大幅度减少地下水开采量。

(4)水库周边环境。除林家村水库溢流坝加闸加高引起 841 人需移民搬迁安置外,截至 2006 年 6 月 30 日,项目实施对周边环境的实际影响甚微。项目今后将重点关注林家村水库提高蓄水位后对周边环境的影响。

(5)移民安置区环境管理。按照《移民行动计划》要求,项目涉及的移民问题已得到妥善解决。各移民安置村相继建设了饮用水供水工程设施、村内排水设施、街道硬化及供电设施建设等,并已投入使用。移民安置村选址合理、移民村卫生状况良好、饮用水质安全、移民安置村和其他项目影响村未发生任何传染病流行问题。

(6)农业生态。项目实施使项目区农业生态向好的方面转化,灌溉水源保证率的提高,促使了项目区种植结构向多样化转变,水环境明显改善。

(7)灌溉水质。虽然灌区灌溉水源水质仍然存在污染问题,但灌溉水质能满足《农田灌溉水质标准》要求。

(8)公众健康。项目实施没有对项目影响区、移民安置村以及施工区施工人员的身体健康带来明显负面影响;项目实施期间未发生任何传染病流行,未出现公众健康方面的公众抱怨。

(9)洛惠渠渠首文化遗产保护。2004 年,陕西省文物局将 1935 年建在洛惠渠渠首的"龙首亭"列为省二级保护文物,项目采取整体搬迁方式给予了妥善保护。

(四)环境监测

项目实施期间实施了环境监测计划,环境监测结果表明:项目实施对环境的负面影响甚微;项目区的农业生态随着项目的实施在不断改善;项目区尽管仍然存在河源水质污染和渠道水质污染问题,但水质仍然能满足灌溉用水水质要求。

(五)其他环境管理工作

(1)环境管理培训。项目开展了一系列环境管理培训工作,有力地促进了项目环境管理工作的顺利开展。

(2)环境咨询。环境管理办公室根据环境管理需要,不定期地聘请环境专家和相关专家对环境管理工作进行咨询指导,对提高本项目环境管理工作水平、实现环境管理工作目标起到了重要作用。

(3)大坝安全。项目办根据国际大坝安全专家组意见,采取有效措施消除了大坝安全隐患。各灌区已编制完成《大坝安全计划》和《大坝工程运行维护手册》并付诸实施,大坝安全运行可以得到保障。

(4)公众协商与信息公开。在项目准备阶段、实施阶段以及运行阶段开展了相应的公众协商和信息公开工作。

三、环境管理工作评价汇总表

表 6-25 为本项目环境管理工作评价汇总表。

表 6-25　环境管理工作评价汇总

项目	管理内容、措施	实施情况	实施机构	实施评价
增加灌溉引水对下游影响	每年对涉及灌区灌溉用水情况进行一次分析评价	已实施	环管办/专家	满意
土壤盐渍化	明渠排水、井灌、井排措施;监测地下水位、水质	已实施	项目办/环管办/专业机构	非常满意
地下水超采	井灌、渠灌结合;监测地下水位	已实施	项目办/环管办/专业机构	满意
水库周边环境	水库塌岸观测、预警;后靠移民卫生防疫调查	已实施	环管办/监测机构	满意
移民安置环境管理	饮用水安全,必要环境设施,饮用水质监测等	已实施	环管办/环管科/监测机构	满意
农业生态变化	每年进行专项调查、分析	已实施	环管办/专家	非常满意
灌溉水质	每个灌溉季节对有污染源的运行渠道进行水质监测	已实施	环管办/监测机构	满意
公共健康	落实《施工期环境管理规定》;外迁移民生活水质定期监测,每年进行一次卫生防疫调查	已实施	项目办/环管办/监测机构	满意
洛惠渠渠首文化遗产保护	实施保护性迁移	已实施	项目办	满意
施工环境管理	编制、落实《施工期环境管理规定》;建立监督机制;建立报告制度;进行相关培训	已实施	环管办/环管科,环境监理、承包商	满意
环境监测	仪器监测、分析评价、调查研究、监督性测量	已实施	专业机构、专家;环管办	满意
环境培训考察	进行环境培训、考察	已实施	环管办	满意
环境咨询	环境管理、水资源、水质、农业生态及其他专项环境问题咨询有关专家	已实施	环管办	满意
大坝安全	每年编制专题报告	已实施	项目办/专家	满意
公众协商与信息公开	项目准备期、施工期、运行期公众协商与信息公开	已实施	项目办 环管办	满意
信息、文档管理	文字版、电子版同时存档	已实施	环管办、环管科	非常满意

第七章　项目运行期环境管理

运行期的环境管理是项目实施期环境管理的延伸和拓展,既是项目《贷款协议》的内在要求,也是项目可持续发展的客观需要。

目前,关中灌区改造项目工程施工已经竣工,项目实施期的环境管理工作已经结束。事实上,项目大部分工程早已相继投入运行,相应地项目运行期环境管理工作也已展开。今后,项目的环境管理工作重点将转移到运行期的环境管理方面。

一、环境管理机构

关中灌区改造项目实施完成后,项目管理的责任将由项目办移交给灌区管理机构,项目环境管理的责任也将随之移交。

项目的运行管理机构(即灌区管理机构)将保留环境管理办公室(环境管理科),或设专人具体负责各灌区运行期环境管理工作,地方环保部门将负责监督和指导各灌区环境管理工作。

二、重点关注的环境事项

根据灌溉工程的特点和有关环境监测成果报告,在关中灌区改造项目运行期,需要重点关注灌溉水源水质、灌区污染源治理、地下水超采、土壤盐渍化和水库周边环境影响等环境事项。

(一)灌溉水源水质

关中灌区存在水源污染威胁的灌区有:以渭河水为水源的宝鸡峡灌区和交口抽渭灌区,以泾河水为水源的泾惠渠灌区和以北洛河水为水源的洛惠渠灌区。根据项目实施期水源水质监测结果可以看出,洛河、泾河水质相对好于渭河水质;灌区水源在渭河上的3个取水点,仅有宝鸡峡渠首林家村断面水质达到《地面水环境质量标准》(GB 3838—2002)中Ⅴ类标准。由于受沿途宝鸡市、咸阳市、西安市大量未经处理的工业、生活污水的污染,宝鸡峡塬下灌区渠首魏家堡渭河取水点、交口抽水站渭河抽水点的水质呈劣Ⅴ类。虽然这些水源水质尚能满足《农田灌溉水质标准》,但渭河水污染治理仍是项目今后应重点关注的环境事项之一。

在项目运行期,除加强河源(特别是渭河)水质监测外,环境管理办公室将协调、促进渭河水污染治理,与相关机构一起建立渭河水污染应急机制,防止水污染事故发生,尽量减少、降低水污染事故对项目区灌溉和农业生态的影响。

(二)灌区污染源治理

据项目实施期灌区污染源调查结果显示,目前关中灌区还存在一些企业向灌区渠系内排污的现象,对灌区农业生态构成了威胁。环境管理办公室将同地方政府,特别是环境行政主管部门相互配合,采取积极的措施消除各灌区存在的污染源,把污染源对灌区灌溉渠系的污染降到最低程度。一是配合环境执法部门,根据国家有关法律规定关闭灌区的"五小"企业;二是协助排污企业,建立污水治理系统,污水经治理后再排入灌区渠道;三是协助排污企业修建排污建筑,如排污槽、排污管等设施,把污水引排到地方政府规划的排污系统。

(三)控制宝鸡峡灌区和冯家山灌区地下水开采量

在关中灌区改造项目实施期间,宝鸡峡灌区和冯家山灌区地表水引用量明显偏少,而地下水开采量明显偏多,致使地下水位明显下降,项目实施期间7年平均值比多年平均值分别下降2.09 m和2.16 m,地下水埋深年均下降0.30 m和0.31 m。尽管依据水利部《地下水通报编制技术大纲》,地下水位年均变幅值在±0.5 m范围内属于稳定状态,但是总体呈现稳中有降趋势。为防止宝鸡峡和冯家山灌区区域地下水位持续下降及超采问题发生,应该做好以下几方面的工作。

(1)在地下水位下降幅度较大的区域,加大地表水引用量,增大地下水资源有效补给,适当控制地下水开采量,抑制地下水位下降。

(2)通过加强管理,实现渠井结合,地表水和地下水统一管理,联合调度,合理利用水资源。

(3)陕西省水利厅有关职能部门,要加强地下水监测工作,实行定时测报、预报工作,指导灌区地表水和地下水合理利用。

(四)林家村水库蓄水位抬高后的环境影响

宝鸡峡灌区林家村水库溢洪坝加闸加坝工程完工后,由于库区内西安—兰州铁路复线建设,水库一直没有提高蓄水水位。环境管理办公室将关注今后该水库蓄水位抬高后对水库周边环境的实际影响。

(五)交口抽渭灌区和洛惠渠灌区土壤盐渍化问题

交口抽渭灌区和洛惠渠灌区因其地理位置、土壤特性和地下水质的原因,仍然存在土壤盐渍化的威胁,环管办应对此问题进行重点关注。在项目运行期,除加强地下水位、地下水水质、土壤盐化度等的监测外,还要积极与地方管理部门和灌区管理机构一起,加强排水设施的建设和维护,发展井灌、井排,使灌区内盐渍化面积得到有效控制。

三、环境监测

关中灌区改造项目运行期内,将继续开展环境监测工作,监测项目、参数、频次参照《环境管理实施计划》确定,但需做适当的精简和调整。表7-1为项目运行期环境监测计划汇总表。

四、监测成果应用

关中灌区改造项目运行期内,灌区管理局环境管理办公室(或环境管理科)将大力普及和推广项目实施期环境监测成果的应用,具体包括:

(1)加强灌区土壤养分管理,推广测土施肥、平衡施肥、灌溉施肥等技术。

(2)采用适时中耕和适时深耕的措施,解决土壤表层板结和土壤坚实度增加较为明显的田块土壤底层板结的问题,增加根系在土壤中的活动范围,提高作物产量。

(3)加大宝鸡峡灌区和冯家山灌区地下水下降区域的地表水引用量,减少地下水开采量,防止这些区域由于地下水位持续下降,而造成区域地下水的超采。

(4)根据地下水位、地下水水质、土壤盐化度等检测结果,加强盐渍化威胁地区的排水、排碱等设施的建设与维护。

(5)根据监测发现的灌区渠系内污染源情况,积极与当地环境行政主管部门和其他相关机构协调,促使采取减少、消除渠系污染源的措施等。

表 7-1　运行期环境监测计划汇总

监测形式	监测项目	测点及区域	频次	实施机构
仪器监测	灌溉水质	有污染区域的灌溉渠道出水口	每灌季监测 1 次	灌区管理局
	地下水监测	监测井 91 眼(其中常规监测 70 眼)	每年 1 次	陕西省地下水工作队
调查、评估、分析、预警	水库蓄水后环境影响	林家村水库	蓄水后每年 1 次	宝鸡峡灌区管理局
	灌区水污染源	九大灌区	每年 1 次	灌区管理局
	灌溉水源水质	河道水质	每年 1 次	地方环保局

第八章　主要经验教训

鉴于我国目前正在内资项目上开展项目环境管理方面的试点工作，在此，我们对关中灌区改造工程在项目环境管理实践中，获得的经验和教训作一简要、概括地总结，以期对今后国内类似项目开展工程项目环境管理工作有所帮助。

第一节　主要经验教训

在工程项目实施期间进行系统的项目环境管理，在国内尚属较新的概念。陕西省关中灌区改造工程项目环境管理工作的开展，经历了从不清楚到比较清楚、从不理解到理解、从被动应付到主动管理的过程，有很多经验教训值得吸取。将关中灌区改造项目环境管理工作的经验和教训加以总结，可归纳为以下九个方面。

一、可操作的《环境管理计划》是项目环境管理顺利实施的基础

我国现行的项目建设中，环境影响评价制度被视为项目决策过程的环境"安全阀"，理论上来说，该制度是通过对项目可能造成的环境影响进行完整评估，作为项目是否可行的决策依据。也就是说，项目环境上的不可行将导致项目的不可行。但是遗憾的是，实践证明，环境影响评价这个"安全阀"往往是失灵的。事实上，政府和项目建设者，很多情况下将该制度作为对已经决定要建设工程的"橡皮图章"来使用，环境影响评价很难起到真正的"安全阀"作用。

通过关中灌区改造工程世界银行贷款项目的环境管理工作实践，我们深刻地认识到，为了能够进行有效的项目环境管理，首先项目环境影响评价的目标必须明确。环境影响评价的主要目标为：准确识别出项目的环境"负面影响"；判断采取环保措施后的"负面影响"中有没有"不可接受"的环境因素；确定出把项目对环境的"负面影响"降到最低或(和)可以接受的程度的各项环境保护措施，以及落实这些措施的保障机制。在环境影响评价阶段，必须要编制具体的、可操作的《环境管理计划》，因为《环境管理计划》是项目环境管理的依据和指南。另外，环境评价确定的环境保护措施及环境监测措施要具有针对性和可操作性，力争"细而实"，避免"大而空"。

关中灌区改造工程项目《贷款协议》要求，项目实施期间，必须执行项目《环境影响评价报告》确定的《环境管理与监测计划》。但总体上讲，该计划环境管理任务不具体，环境管理机构设置涉及政府部门多，隶属关系复杂，职责不明确。除工程施工环保措施可以具体实施外，其他环境管理工作，包括环境监测工作都很难实施。这是造成项目实施第一阶段只重点关注施工环境管理，而忽视其他环境管理工作的重要原因之一。

在项目实施第二阶段，项目办根据工程的实际情况和世界银行检查团的建议，组织环境专家对原《环境管理与监测计划》进行了全面修订，编制了《环境管理实施计划》。《环境

管理实施计划》不仅包括了各项环境保护措施,还包括了建立落实这些措施的机构、人员配置、监督、监测机制、进行环境咨询与培训以及管理经费保障等具体内容,真正解决了做什么、为什么做、谁来做、什么时间做、在什么地方做、怎么做等关键问题,保障了环保措施的落实、环境目标的实现。

二、在项目法人单位建立管理机构是项目环境管理的组织保障

为了适应市场经济的要求,目前我国工程项目管理实行的是项目法人负责制,由项目法人对项目的管理负全责,也包括对项目的环境管理负全责。因此,项目环境管理的具体执行机构应在项目法人体系内建立,由该机构代表项目法人履行项目环境管理的责任和义务。

陕西省关中灌区改造工程项目办是项目的法人单位,是项目的项目管理主体,也是项目的环境管理主体。

而项目原《环境管理与监测计划》要求:在陕西省政府“关中灌区改造项目领导小组”统一领导下成立“环境管理办公室”和“环境监测中心”,而“环境管理办公室”由省环保局主管副局长、项目办、水利厅主管副厅长和水资办负责人组成;“环境监测中心”由设在水利厅水资源水文局水质监测中心负责。这实际上是把项目的环境管理机构设在了项目办体系之外,超出了项目办的权力管辖范围,项目法人无法管理控制其工作。

《环境管理与监测计划》要求,“关中灌区改造项目环境管理办公室”由陕西省环保局、农业厅、水利厅、水资委等政府机构的负责人和项目办负责人共同组成。不论是省环保局还是省农业厅、水资委等政府部门,都有各自的工作重点。这些机构的主要负责人不可能有时间和精力到某个具体项目挂职进行具体事项环境管理。因此,这样的环境管理机构只可能是一个空架子,无法正常运作、从事项目具体环境事项管理。

另外,这样的计划实质上是让政府去从事具体项目的具体管理工作,即政府部门既当“裁判员”,又当“运动员”,这与市场经济条件下,政府只承担监督管理职能的要求相矛盾。

因此,在项目的第一阶段,上述的“环境管理办公室”和“环境监测中心”实际上并没有真正运作,这是此阶段环境管理工作不到位的主要原因。

在第二阶段,项目办根据《环境管理实施计划》,在项目办体系内组建了环境管理办公室,在各灌区项目执行办组建了环境管理科。然后由环境管理办公室聘请环境监测单位、环境咨询专家组等,形成了一个以项目办为主体的、完整的项目环境管理体系。系统中各参与方各负其责,角色分工明确,又互相协调、监督、配合。关中灌区改造工程环境管理实践表明,项目环境管理机构只有建立在项目法人体系内,才能真正有效运转、落实项目环境管理的各项任务,实现项目环境管理的目标。

三、及时的培训是项目环境管理不可或缺的必要条件

工程项目环境管理在国内还是比较新的概念,对关中灌区改造项目办公室、各灌区项目执行办和其他项目建设者来说,什么是工程项目的环境及环境管理、为什么要进行项目的环境管理、如何进行项目的环境管理等一系列问题,都是全新的课题。

根据世界银行本项目第八次检查团要求,为了提高项目建设者的环境及环境保护的

意识，正确理解项目环境管理的概念，了解环境保护的基本知识，认识项目环境管理的重要性和必要性，熟悉项目环境管理的模式、内容、程序和方法，对项目进行有效的环境管理，省项目办于2003年11月21～24日在西安市举办了为期4天的“项目环境管理培训班”。在培训班上，特别邀请了世界银行环境咨询专家就环境与环境保护、世界银行与世界银行环境政策、世界银行贷款协议环境管理条款等进行了较为系统的培训。另外，此次培训班还邀请了陕西省水利电力勘测设计研究院、西安市环境监测研究所和陕西省地下水勘测研究院的有关专家，分别讲授了项目环境影响评价、环境监测和关中地区地下水资源现状及监测等方面的内容。参加培训的人员包括省项目办及灌区项目执行办的有关人员、项目设计、监理和各主要承包商的代表等共85人。

在该培训班上，环境咨询专家和项目办人员还研究了编制《环境管理实施计划》的原则、框架和整体思路，讨论并起草了该计划的编写提纲，为编制《环境管理实施计划》做好了准备。

事实证明，这次环境管理培训是项目环境管理工作的转折点，成为项目环境管理工作第一阶段和第二阶段划分的标志。此次培训对提高项目各参建方的环境保护意识、促进关中灌区改造工程项目环境管理工作走上正轨、提高灌区改造工程项目环境管理水平等方面都起到了关键的作用，为项目后续环境管理工作的顺利开展打下了基础。

关中灌区改造工程项目环境管理的经验之一是进行项目环境管理的系统培训是完全必要的，能达到事半功倍的积极效果。值得反思的是，在项目启动之初，关中灌区改造工程项目恰恰忽视了培训和考察学习这一重要环节，致使环境管理工作走了许多弯路，可以说，这是关中灌区改造项目环境管理深刻的教训之一。如果能像项目的财务管理、采购管理、项目管理培训那样，项目启动时就进行项目环境管理培训，会使项目环境管理工作尽快步入正轨，少走弯路。关中灌区改造工程项目环境管理的成功经验之一是在发现环境管理中存在的问题后，及时进行了环境管理培训，提高了项目建设者的环境保护意识，促进了环境管理的顺利实施。

四、世界银行检查团的监督指导是项目环境管理顺利实施的外在动力

按照世界银行《贷款协议》要求，世界银行每年两次派出检查团对关中灌区改造工程的实施进行监督检查，检查《贷款协议》的执行情况以及项目目标的实现情况，发现问题及时解决。世界银行检查团的定期检查对项目的顺利实施、项目目标的基本实现起到了关键的指导和促进作用。但遗憾的是，在2003年8月以前，世界银行对项目进行的前七次项目检查中，代表团中基本没有包括环境专家，检查团只是关注了项目施工现场的环境问题，而未能及时发现项目环境管理机构不到位、环境监测工作缺失的问题。直到2003年8月，世界银行第八次检查团中的环境专家对项目的环境管理工作进行检查后认为，在项目实施中，各承包商都采取了《环境影响评价报告》中规定的在骨干工程施工中采取缓解环境措施的有关建议，但有一些重要方面没有落实，需要得到改进，主要包括：应建立有效的环境管理机构、健全环境管理体系，聘请环境管理部门对项目区进行环境监测，制定和落实环境培训和实施计划，及时向世界银行提交环境管理年度工作报告等，并将这些问题写进了备忘录。

正是这次世界银行检查,促使项目办进行了以后的环境管理培训、成立了项目办体系内的环境管理机构、开展了环境监测等工作,使关中灌区项目环境管理真正走上系统、规范、有效的轨道,从而促进了关中灌区项目环境管理的有效开展。

我们认为,如果在早期的世界银行检查团中,能有环境专家参加,关中灌区改造项目的环境管理就不会有第一阶段和第二阶段之分,从项目开始的1999年或2000年就已走上正轨,项目环境管理的效果会更好。

回顾项目环境管理的历程,本书认为世界银行项目检查团的定期检查,对关中灌区项目有效实施项目环境管理是非常重要的,起到了关键性的指导、监督和推动作用。而世界银行检查团中包括环境专家是保证这种监督、指导作用的关键之一。

需要顺便指出的是,在内资项目中,由谁来担当类似世界银行检查团的角色,来定期指导和监督项目的环境管理工作,这是内资项目上,真正有效实行项目环境管理尚待解决的问题之一。

五、项目可持续发展的理念是环境管理工作的根本出发点和落脚点

在环境管理方面,人们认识上有一个误区,总认为环境保护是政府的事,与水利工程建设关系不大。

对业主单位来说,环境保护不像工程建设那样实实在在,也很难带来直接的经济效益。因而,思想上对环境保护和环境管理持不屑一顾和不肯接受的态度,行动上采取敷衍了事和应付差事的措施。例如,修建一条渠道,不仅有了实实在在的政绩,以后的灌溉运行,也会给灌区带来一定的经济效益,可以提高农作物产量,提高当地经济效益。但是环境管理和环境保护给业主带来的直接效益很有限,有时还可能损失眼前的某种利益。

对承包商来说,对施工中的扬尘、弃渣等环境污染问题,怎样方便、怎样成本最低就怎样处理;施工废水的排放,直接排到河道中既方便又简单。关键问题是承包商这样做,并不影响对其工程款的支付。生产污水与河道水一起流过,对承包商不会造成任何伤害。至于河道水质污染的累积影响后果,伤害的是下游群众和子孙后代的利益,与承包商的眼前利益没有直接关系。工程施工中,施工扬尘和噪声等对工人健康会造成影响,因为缺乏监督,承包商不会主动采取有效保护措施,消除或有效降低工程施工对工人健康的危害。

对工程监理来说,更关心的是工程质量、进度和投资的完成情况。根据目前我国工程管理体制,工程监理工程师基本上无义务、也无能力对承包商的施工行为进行有效环境监督管理。因此,对于工程监理工程师来说,项目环境管理只是一种"麻烦"。

陕西省关中灌区改造项目实施项目环境管理的经验之一是项目的各参与方,特别是项目相关人员,用可持续发展的理念认识和理解了项目环境管理的重要性。

灌区改造项目是在灌区原有的灌溉系统基础上,对老化破损工程进行更新改造和除险加固。关中灌区是灌溉多年的老灌区,已经形成了相对稳定的人工自然环境,灌区改造项目的实施,除了施工期对环境造成影响外,似乎对环境再不会有其他影响。例如,灌溉水质的污染问题,似乎是环境主管部门的事,与灌区工程改造项目没有太大的关系。但是,如果长期利用污水进行灌溉,将会造成土壤污染、地下水污染、农作物产品的质量下降等不良后果。又如,灌区长期不合理的大水漫灌,可能会造成灌区地下水位上升,导致土

壤盐碱化的发生，或者地下水的超量开采，造成地面裂缝、地面沉陷等不良的地质灾害。如果发生了这些环境问题，说明灌区改造工程项目是失败的，政府投入了大量资金建设的项目，却因为水源污染问题、土壤盐渍化问题等环境影响而造成工程不能持续利用。因此，灌区改造项目除了施工期的环境影响外，还必须从项目的可持续发展角度关注其环境影响。

六、领导支持是项目环境管理的又一重要条件

关中灌区改造工程世界银行贷款项目办公室作为项目法人单位，对灌区改造工程的建设管理负全责，包括灌区改造工程的项目环境管理。对项目办各级主要领导来说，尽管对项目环境管理的基本理论、工作内容和程序有一个逐渐了解和理解的过程，但是都能认识到环境保护工作的重要性，认识到做好项目环境管理工作对保护和改善项目沿线生态环境、确保项目可持续发展及维护项目《贷款协议》的法律性等方面具有十分重要的意义。这是项目能有效开展项目环境管理的必要条件。

尤其是2003年8月世界银行第八次检查以后，项目办领导对项目环境管理工作高度重视，把项目环境管理工作作为项目管理的重要工作内容之一来抓。为了有效实施项目《贷款协议》中确认的《环境管理与监测计划》和世界银行备忘录中确认的《环境管理实施计划》，2004年1月，项目办成立了专门的环境管理办公室，九个灌区执行办也都成立了环境管理科室，并及时聘请环境监测单位和环境咨询专家组，从而建立起一个科学、完善的项目环境管理体系。

在实施项目环境管理工作过程中，项目办领导在环境管理培训与考察、环境监测及理顺环境管理关系等方面都给予了强有力的支持。同时，项目办在资金紧张的情况下，为项目环境管理提供了必要的资金支持。实施灌区改造工程项目环境管理以来，项目办用于项目环境管理和环境保护措施实施方面的投资超过400万元，保证了关中灌区改造工程项目环境管理工作的正常有效开展，达到了预期目标。

在我国目前工程建设管理体制下，领导的重视和支持是进行具有开创性的项目环境管理的重要条件之一。

七、专职环境监理是项目环境管理中不可缺少的重要角色

专职环境监理在项目环境管理中扮演着重要角色，既要有环境管理专业知识，又要了解工程建设管理程序，还要有一定的组织、协调能力和实际工作经验以及较强的责任心。环境监理在项目环境管理中主要职责是：配合工程监理编拟环境管理规划，检查、审核承包商提交的环境管理组织机构、制度的建立和运行、环保计划和保证措施等，监督工程建设过程中承包商对《施工期环境管理规定》的落实情况等。

2003年8月以后，《环境管理实施计划》编制时，项目剩余的工程已经不多。因此，项目办没有聘请专职项目环境监理，在《施工期环境管理规定》中要求项目的工程监理兼任项目的环境监理。通过几年的环境管理实践证明，尽管工程监理在施工期的环境管理中发挥了一定作用，但同时也存在某些方面的缺陷。

关中灌区改造项目环境管理的又一教训就是没有聘请专职环境监理，对承包商的施

工行为进行现场监督管理，而是简单地委托工程监理对承包商的施工环境行为进行现场监督管理。一般情况下，工程监理把主要精力放到了对工程项目的施工质量、施工进度和投资管理和控制上，虽然监理工程师都表示要重视环境管理工作，事实上，工程监理很难全面兼顾项目的环境管理，在实际施工中仍然存在一些环境问题：

(1)施工料场和混凝土拌和系统距离当地群众住宅较近，影响了当地居民的正常生活。

(2)弃渣场临沟边坡没有及时进行砌护。

(3)污水沉淀池建设不规范。

(4)工地施工营地存在卫生隐患，施工人员居住环境差，空气不流通。

(5)施工现场搭建的临时厕所极其简陋，并且工地周围粪便到处可见，存在卫生隐患。

尽管以上这些问题存在于个别工地，但是从监理工程师在一年多的环境管理中，仅签发了为数不多的“环境通知单”就可以看出，工程监理对环境管理的关注程度较低，对有些环境问题甚至视而不见。

从更深层次分析这种现象的原因，本书认为主要有以下几点。

(1)在目前人们环境意识普遍还比较淡薄、工程监理工程师不了解或不熟悉环境管理的情况下，由工程监理工程师代替环境监理工程师工作，很难保证环境管理目标的实现，甚至无异于放弃对环境监督管理。

(2)在关中灌区改造项目环境管理中，尽管对工程监理也进行了环境管理培训，但是，这种培训只能从环境保护知识扫盲、提高工程监理工程师的环境保护意识等方面起些作用，仅通过几天的环境管理培训，要使工程监理有效地代替环境监理工作，也不太现实。

我国目前实施的“环境监理”是政府的一种执法行为，而本书所谈的环境监理是指由项目法人聘请的环境专业人员，在工程施工现场实施的环境专项监督管理行为(非政府行为)。目前，我国对于工程项目环境监理工程师的培养还缺乏比较成熟的体系，项目环境监理工程师的资格认证体系还不完善，没有项目工程监理工程师培养面广，造成了项目环境监理工程师资源比较缺乏。

(3)根据我国现行的以项目法人负责制、工程监理制和工程项目招投标制为基础的工程项目建设管理体制，工程监理工程师负责对承包商的施工行为进行现场监督管理。从事具体现场监理工作的人员必须是具有相应资质的人员，即从事工程监理工作的人员必须具有工程监理资质。工程监理工程师要求的专业技能主要是工程和工程施工，主要关注的问题是工程的进度、质量和造价，其管理手段是对承包商的施工进行质量认证、工程计量进行签证，业主根据工程监理工程师的签证，支付给承包商工程费用。而环境监理工程师要求的技能主要是环境和环境管理，从事环境监理工作的人员必须具有环境监理资质，环境监理工程师关注的是环境保护措施的落实、环境保护目标的实现。因此，工程监理和环境监理虽然都是对承包商的施工过程进行监督和管理，但是他们两者的关注点和立足点不同。

(4)根据目前我国环境管理体制，各级环保局负责对工程项目环境保护工作的监督管理。但由于人员和资金问题，环保局不可能对所有项目进行全过程监督管理(特别是在工程现场连续监督管理)。所以，目前环保局的管理主要限于环境影响评价的审批和参与工程项目的竣工验收。而项目法人单位一般没有环境专业人员和环境管理经验、环境管理能力承担具体环境保护的监督管理工作，造成工程项目在环境影响评价审批后和竣工验收前的一段时间即施工建设阶段出现环境管理的“盲区”。

因此，为了有效地防止或减少工程项目施工对环境的不利影响，在工程项目实施期间，有必要聘请环境监理，在工程施工现场和施工营地对承包商进行现场连续环境监督和管理，并与工程监理工程师一起，参与工程结算的审查和工程验收工作。这对规范我国项目环境管理有十分重要的意义。

八、项目《施工期环境管理规定》是进行施工环境管理的重要依据

由于环境保护意识淡薄，加之缺乏具体有效的环境保护要求和约束监督机制，缺乏系统的项目环境管理程序文件，在工程施工期间，承包商往往更多关注工程的进度、质量和成本，而忽视了环境保护要求，在工程施工期间造成不必要的环境破坏，甚至是长期的严重破坏。

在一般工程承包合同中，通常只包括一些原则性环保要求，实际操作很困难，有的干脆形同虚设。为了使这些措施细化并具有可操作性，项目办在世界银行环境咨询专家的帮助下，组织编制了《陕西省关中灌区改造工程世界银行贷款项目施工期环境管理规定》。《施工期环境管理规定》针对灌区改造工程的具体情况，把要求承包商实施的环保措施明确化、具体化，使其变为具体的、可操作性的条款。成为有约束力的合同条款和进行施工期项目环境管理的基础。

遗憾的是，《施工期环境管理规定》编制完成时，项目大部分标段工程承包合同已经签订。2004 年 3 月以后才把《施工期环境管理规定》作为招标文件的组成部分，包括进了以后签订的施工承包合同中，使后续工程的项目环境管理从一开始就走上了规范化的轨道。

编制明确、具体的《施工期环境管理规定》并及时把其包括在工程承包合同中，是工程施工期有效地进行项目环境管理的关键环节之一。

九、环境监测是项目环境管理的重要手段

监测（monitoring）有监视、控制、追踪的含义。环境监测就是运用现代科学技术手段对代表环境污染和环境质量的各种环境要素（环境污染物）的监视、监控、追踪和测定，从而科学评价环境质量及其变化趋势的操作过程。目前，环境监测在对污染物监测的同时，已扩展延伸为对生物、生态变化的大环境监测。狭义上的环境监测指的是取样监测（即仪器监测）。环境监测机构按照规定程序和有关标准及法规，全方位、多角度、连续地获得各种监测信息，实现信息的捕获、传递、解析、综合分析和控制。

项目建设的环境监测是项目环境管理的重要手段，是项目环境管理计划的重要组成部分，是运用科学手段对项目的各种环境影响进行监视、监控、追踪和测定，来反映项目实施过程中实际的环境影响程度，从而提出预警，再确定和实施环境保护措施，使这种影响降到最低或可以接受的程度。建设项目的环境监测是广义上的监测活动，包括以下五种类别。

（1）仪器监测。即传统上的环境监测，通过监测仪器、设备，运用取样、化验、测量等方

法进行环境监测。如水质化验监测、施工噪声监测等。

(2)评价分析。通过收集已有的环境监测资料,并对这些资料进行评价和分析,识别环境影响的程度,提出减少环境不利影响的对策。如利用已有的河流水质监测资料分析某灌区灌溉水源水质现状,判断其是否符合《农田灌溉水质标准》要求。

(3)调查。对某项环境影响进行专题调查,分析其影响情况,发现问题及时提出预警。如对某区域点污染源的专项调查。

(4)监督管理。如项目环境监理对承包商施工弃渣堆放和处理的监督和管理等。

(5)监督性测量。在监督管理时进行的测量工作。如水库塌岸监测时对塌岸的范围进行的测量等。

对于影响内容及影响范围、程度都比较明确的环境因子,没有必要进行环境监测,关键是落实环保措施。只要落实相应环境保护措施,就可以使项目对环境的影响降到最低或可以接受的程度。例如,施工噪声,只要施工,肯定会产生噪声,就会对环境产生影响,这一点不用监测也会知道,但是只要采取了"施工车辆通过村庄时,严禁鸣笛"或者"在环境敏感区修建噪声隔离墙"等环境保护措施,施工噪声的影响就会降低到人们可以接受的程度。只有对那些不能确定的环境影响因子才需要常规监测,例如灌溉水质等。

第二节　对国内项目管理的思考

我国基本建设项目的建设程序是指建设项目生产周期的全过程中必须经历的阶段或步骤,包括项目建议书→可行性研究→初步设计→施工准备→建设实施→试运行和竣工验收→后评价,通常把施工准备和建设实施合并为一个阶段,即项目实施阶段。基本建设程序见图 8-1。

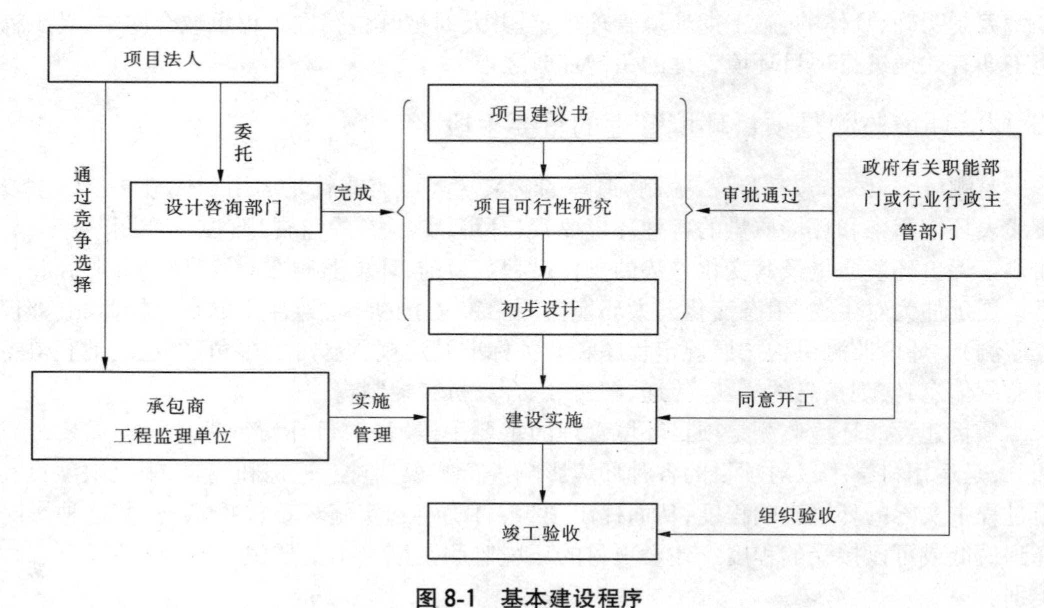

图 8-1　基本建设程序

从图 8-1 中可以看出，政府注重的是项目前期工作和项目后期的验收，往往忽视了实施过程的监督和管理。如果国内项目也能借鉴世界银行贷款项目的管理经验，把项目的立项审查与项目的实施结合起来，项目主管部门特别是项目的审批机构对项目的实施进行定期的监督检查，及时发现并解决项目实施中存在的问题，可能会使项目建设中的许多隐患问题消灭在萌芽状态。

在项目环境管理上也存在同样的问题，因为按照国家的环境评价报告制度，作为项目可行性研究审批内容之一，项目的《环境影响评价报告》也必须经过政府有关部门的审批通过，作为项目可行性研究审批的组成部分。为了能顺利通过审批，项目单位的环境评价报告做得都很尽心，报告中的环保措施及环境管理计划，也是怎样能通过审批就怎样写，至于项目实施过程中，这些环境保护措施是否能落到实处，环境评价报告审批部门没有精力去做过多的关注和过问。这样往往就使项目实施期的环境保护工作，因缺乏必要的监督和检查而流于形式。项目的竣工验收阶段却要求对环境保护进行验收，这就使得大多数项目为了顺利通过项目的竣工验收，环境管理只能从表面上做些文章，因为有些环境影响不靠中间过程的环境管理，很难根据一时的观察和检查发现问题。和项目的管理一样，如果能更注重和关心对项目实施过程的环境管理和监督，像关中灌区改造工程世界银行贷款项目一样，在项目法人单位建立一个专门的环境管理机构，并以该机构为主体，建立有相关方面参与的环境管理体系，编制一份切实可行的《环境管理实施计划》，配备必要的、充分的管理资源，进行有效的项目环境管理，项目对环境的负面影响一定会降到最低或可以接受的程度。

附　录

附录一:施工期环境管理规定

陕西省关中灌区改造工程世界银行贷款项目
施工期环境管理规定(试行)

2003年12月

目　录

1.总　则

1.1《陕西省关中灌区改造工程世界银行贷款项目施工期环境管理规定》(以下简称《规定》)由陕西省关中灌区改造工程世界银行贷款项目办公室(简称省项目办)编制。

1.2 本规定依据下列文件编制:

(1)中国政府与世界银行为本项目签订的《贷款协议》。

(2)陕西省政府与世界银行为本项目签订的《项目协定》。

(3)国家和陕西省有关环境保护的法律、法规和标准。

(4)《关中灌区改造工程世行贷款项目环境管理实施计划》。

1.3 编制本规定的主要目的是保证上述《贷款协议》、《项目协定》以及世行确认的《环境管理实施计划》在本项目施工期得到落实,保证有关环境保护的法律、法规、标准在本项目施工期得到有效执行。

1.4 本规定适用于陕西省关中灌区改造工程世界银行贷款项目施工区(包括施工作业区和施工影响区)和承包商生活营地。

2.环境管理与环境监理

2.1 陕西省关中灌区改造工程世界银行贷款项目办公室(省项目办公室环管办)全面负责陕西省关中灌区改造工程世界银行贷款项目的环境管理工作。各灌区项目执行办公室(环管科)协助省项目办负责本灌区项目的环境管理工作。

2.2 根据关中灌区改造工程分散施工的实际情况,项目实施过程中的环境监理工作不设专门的环境监理工程师,把环境监理作为工程监理工程师工作的补充和延伸。监理工程师受项目办的委托,在施工期对关中灌区改造工程所有承包商的施工活动进行现场环境监督管理。

2.3 对施工区或生活营地存在的一般环境问题,按照环境管理计划的要求,环境监理工程师可以口头要求承包商采取环境保护措施予以解决，承包商应按环境监理工程师的要求尽快解决。

2.4 对施工区或生活营地存在的重要环境问题，由现场工程监理工程师签发“环境问题通知书”，要求承包商限期整改解决。承包商应按通知书要求，积极采取有效措施，按时解决存在的问题，并向监理工程师报告整改措施，监理工程师对整改结果进行验收。

2.5 对“环境问题通知书”要求解决的环境问题，承包商拒不解决或期满后仍未解决的，总监理工程师在与灌区环管科、负责环境监理的工程监理工程师协商后，将向承包商发出“环境行动通知单”。在“环境行动通知单”发出 14 天后(特殊情况下 7 天后)，项目办或其聘请的合格人员可以进驻现场对有关环境问题进行处理。由此引起的项目办费用增加或给项目造成的损失均由承包商负责，并从承包商的工程结算付款中扣除。

2.6 有关环境保护监理事宜以及监理工程师与承包商之间的书面函件均通过工程监理工程师签收、签发。

2.7 总监理工程师应按本《规定》要求，制定项目实施中的有关环境管理细则，积极支持负责环境监理的监理工程师的工作：

(1)及时将本项目负责环境监理的监理工程师的人员组成、职责和现场环境监督管理的权力通知承包商。

(2)发现环境问题，及时通知负责环境监理的监理工程师。

(3)及时了解项目施工中的环境管理现状，无条件、无迟延地签收、签发、转发监理工程师与承包商之间有关环境保护与管理问题的往来函件，并承担由此产生的一切后果。

(4)组织项目技术交底和图纸会审时，同时对有关环境问题进行交底和确认。

2.8 总监理工程师应支持和落实灌区项目执行办由于执行本规定 2.5 款向承包商的索赔，由此产生的责任由项目办承担。

2.9 总监理工程师应要求和督促、检查承包商制定切实可行的施工安全措施，搞好工地安全生产教育，健全安全生产制度，设立安全生产警示，创造良好的安全生产环境。承包商应加强对其雇员的环境保护教育，提高环境保护意识，遵守有关环境保护的法律、法规、施工合同有关环境保护的条款以及本《规定》的各项要求。对违反环境保护法律、法规、施工合同条款以及本《规定》的行为，由有关部门或机构按相应规定查处，并承担相应责任。

2.10 承包商必须根据其承包工程项目的具体情况，建立相应环境保护规章制度，聘任或委托专门环境保护工作人员，在监理工程师的指导下，全面负责本项目施工的环境保护工作。

2.11 各承包商应根据本《规定》或监理工程师的要求定期对本单位有关环境事项和环境参数进行监测。各承包商每月应向监理工程师提交一份环境月报，报告本月环境保护工作以及有关环境监测结果。环境月报内容、格式按监理工程师的要求编制。监理工程师可以要求承包商对环境月报内容、格式进行修订。

2.12 承包商在制定本项目施工组织设计时必须保证防治施工环境污染的措施与其承包的工程项目同步实施。

2.13 承包商应积极采取措施，妥善解决由于其施工或生产活动而产生的与周围居民或单位的环境纠纷，承担应负的责任。

2.14 项目办可以委托有关单位或机构对施工区、生活营地进行定期或不定期的专项环境监督监测。环境监测工作需经现场工程监理工程师安排，并提前通知各有关承包商，各承包商应积极配合上述监测工作。

2.15 关中灌区改造工程环境保护工作接受当地环境保护行政主管部门的监督管理。监理工程师、承包商应积极配合当地环境保护部门的监督检查。

3. 水污染防治

3.1 承包商必须把保护水环境纳入其工作计划,落实污水处理措施。

3.2 承包商应根据当地环保部门确定的地表水环境功能区划,执行相应的污水排放标准,并不得有碍于水域现有使用功能的发挥。

3.3 承包商的生产和生活污水排放执行国家《污水综合排放标准》(GB 8978—1996)。

(1)排放(GHZB 1—1999)Ⅲ类水域的污水(如渠首工程、水库工程),执行一级排放标准。

(2)排放(GHZB 1—1999)Ⅳ类或Ⅴ类水域的污水(如渠道工程、泵站工程),执行二级排放标准。

3.4 生产、生活污水必须采取治理措施。

(1)基础开挖和砂石料采集加工所产生的污水中含有大量悬浮物(SS),承包商必须按《环境管理实施计划》的要求设置沉淀池等净化设施,保证排水悬浮物指标达标。

(2)生活污水须先经化粪池发酵杀菌后,进行集中处理达标排放。

3.5 各承包商应对本单位排放的污水每施工期监测一次。监理工程师可以随时要求承包商对其排放的污水进行专门(专项)监测。

3.6 发现排放的污水超标,或排污造成受纳水体功能受到实质性影响,排污单位必须采取必要治理措施进行纠正。

3.7 为防止地表水污染:

(1)禁止向受纳水体排放油类、酸液、碱液及其他有毒废液;禁止在水体中清洗装贮过油类或其他有毒污染物的容器;禁止向水体排放、倾倒生产废渣、生活垃圾及其他废弃物;禁止向水体排放或倾倒任何放射强度超标的废水、废渣;禁止在河道内检修施工设备。

(2)燃料库、化学药品库等应按设计和施工合同要求,采取防护措施,避免污染土壤和水体。

3.8 为防止地下水污染:

(1)禁止利用渗坑、渗井、裂隙直接排放、倾倒废水。

(2)工程施工中使用的化学物质不得污染地下水。

4. 大气污染防治

4.1 生活营地和其他非施工作业区大气环境质量按照当地环境空气功能区划执行相应标准。

4.2 施工和生产过程中产生的废气、粉尘必须按国家《大气污染物综合排放标准》(GB 16297—1996)、《工业炉窑大气污染物排放标准》(GB 9078—1996)的要求,达标排放。

(1)以柴油为动力的机械和运输工具,其排放烟度执行国家《汽车柴油机全负荷烟度排放标准》(GB 14761.7—93)之“定型柴油机烟度值”FSN4.0 限值和国家《柴油车自由加速烟度排放标准》(GB 14761.6—93)之限值。

(2)以汽油为动力的机械和运输工具排放污染物浓度分别执行如下标准:①轻型汽车执行国家《轻型汽车污染物排放标准》(GWPB 1—1999)所列限值;②车用汽油机执行国家《汽油车怠速污染物排放标准》(GB 1476.5—93)所列限值。

(3)施工作业区和生活区锅炉排烟执行《锅炉大气污染物排放标准》(GWPB 3—1999)的二类区标准。

4.3 砂石料加工及混凝土拌和工序必须采取防尘除尘措施,达到相应的环境保护和劳动保护要求,防止污染环境或危害施工人员身体健康。

4.4 地下施工必须设置通风和照明设施,满足地下作业场所的劳动保护和环境质量要求。

(1)一般要求最小照度见附表 1。

(2)最大允许有害气体含量见附表 2。

(3)爆破作业时,应尽可能把起爆和作业面洒水结合起来,减少粉尘和有害气体污染环境,危害人群健康。

附表 1　施工操作区最小照度

照度(勒克司)	施工操作区
30	一般施工区、开挖、混凝土浇筑、堆料场和弃渣区卸荷平台。从安全和工艺要求出发,在一些特定地区环境监理工程师可以要求附加照明
50	加油场、现场维护区、仓库、隧洞和一般的地下施工区
110	一般施工安装(如配料厂、筛分厂)、营地房间、起居间、衣帽间、更衣室、食堂和室内厕所

注:表内任一地点空气中最大有害气体含量不得超过附表 2 所列浓度标准。

附表 2　最大允许有害气体含量

气体	最大浓度(10^{-6})
一氧化碳(CO)	50
氮氧化物(NO_x)	3
乙醛	100

注:一氧化碳浓度应在距设备 10 m 以外测量。设备排气管 10 cm 之内一氧化碳浓度应小于 0.01%。

4.5 为防止运输扬尘污染和物料滑落伤人,装运水泥、石灰、垃圾等一切易扬尘的车辆,必须覆盖封闭。在城镇和居民点区域施工,为防止公路二次扬尘污染,各施工场内路面必须定期洒水。各路段洒水频率和洒水量按环境监理工程师要求实施,并作完整纪录。

4.6 严禁在施工区内焚烧会产生有毒或恶臭气体的物质。确实需要焚烧时,必须事先报请当地环境主管部门同意,采取防治措施,在监理工程师监督下执行。

5. 噪声、电磁辐射污染防治

5.1 承包商生活营地和其他非施工作业区根据当地环保部门确定的环境噪声区划执行相应标准;公路两侧执行《城市区域环境噪声标准》(GB 3096—93)中四类标准,即昼间等效声级限值为 70 dB(A),夜间为 55 dB(A);频繁突发和偶然突发噪声按 GB 3096—93 中第 5 条执行。各施工点噪声执行国标《建筑施工场界噪声限值》(GB 12523—90)中各项标准。凡噪声超标的机械设备不准入场施工。运输和交通车辆噪声执行国标《机动车辆允许噪声》(GB 1495—79)中各项标准。高噪声作业点个人防护标准按《工业企业噪声卫生标准》执行,即在无耳塞防护情况下,允许噪声限值不宜超过 90 dB(A),不得超过 115 dB(A),在有防护的情况下不宜超过 112 dB(A),不得超过 120 dB(A)。

5.2 为防止噪声危害,在生活营地和其他非施工作业区内:

(1)任何单位或个人不准使用高音喇叭。

(2)进入生活营地和生活区的车辆不准使用高音或怪音喇叭。

(3)广播宣传或音响设备要合理安排时间,不得影响公众办公、学习、休息。

(4)合理安排工作时间,避免其他噪声如电锯、电钻噪声等扰民。

5.3 靠近城区、居民区和生活营地施工的单位必须合理安排施工作业时间,减少或避免噪声、振动扰民。尽量避免在晚上 22 点至次日凌晨 7 点之间进行施工。特殊情况必须在此时间段施工的,需经有关部门批准并按要求采取相应保护措施。

5.4 各承包商应按监理工程师的要求对其责任区域内敏感部位的噪声每月监测一次。若必要,负责环境监理的监理工程师可以要求承包商在其他时间、地点进行噪声监测。

5.5 电磁辐射污染防治按国家有关规定执行。

6. 弃渣和固体废弃物处置

6.1 施工弃渣和固体废弃物必须以国家《固体废弃物污染环境防治法》为依据，按设计与合同文件要求送到业主指定的弃渣场，不准随意堆放。一切贮存弃渣、固体废弃物的场所(含其他任何料场)，必须按灌区项目执行办的要求，采取工程保护措施，避免边坡失稳和弃渣流失。

6.2 承包商必须在施工区和生活营地设置临时垃圾贮存设施，防止垃圾流失，并定期把垃圾送到指定垃圾场，按要求进行复土填埋。

6.3 禁止将含有铅、铬、砷、汞、氰、铜、病原体等有害有毒成分的废渣随意倾倒或直接埋入地下。上述废渣处置必须报请当地环保部门批准，在监理工程师指导下进行。

6.4 渠首工地和各水库工地，不得在河道或漫滩内直接倾倒弃渣。

6.5 承包商不得因施工弃渣等阻碍施工区内的河、沟、渠等水道，影响行洪，造成水土流失加剧。

6.6 如果业主有弃渣利用计划，如扩大渠堤、回填造地、回填修路等，承包商应积极响应，并按要求予以整平、覆盖或者绿化。

7. 公众健康

7.1 卫生防疫。主要应做到以下几点。

(1)承包商的雇员入场前应到监理工程师认可的卫生防疫部门进行传染病检查，不合格者不得入场。

(2)各承包商应对其雇员每年至少进行一次体检，并建立个人卫生档案。食品从业人员应按《食品卫生法》要求获得上岗证书，持证上岗。

(3)各承包商要密切监视传染病疫情情况，发现疫情，必须按《传染病防治法》要求立即报告当地卫生防疫部门并采取适当紧急控制措施，同时将疫情报告环境监理工程师。

7.2 灭鼠。承包商应定期对其雇员居住和工作环境及设施消毒和卫生清扫。施工区每年集中灭鼠两次(4月份、10月份各一次)，食堂、粮仓、垃圾箱等场所必须常投鼠药。防止鼠疫、出血热等疾病发生。采用的灭鼠措施和使用的药剂，不得对人的健康构成危害，也不能对环境产生二次污染。

7.3 预防虫媒传染病。承包商应采取措施灭蚊、灭蝇以防止疟疾、乙型脑炎及食品污染疾病发生。施工区和生活营地内，每年集中灭蚊、灭蝇三次(7～9月份)。采用的灭蚊、灭蝇方式方法和使用的药剂，不能对人的健康构成危害，也不能对环境产生二次污染。

7.4 粪便管理。建好管好厕所是搞好卫生防疫，防止环境污染，保护公众健康的重要措施。承包商在施工场地和生活营地必须建立厕所，对人员高度集中的施工区，如渠首、泵站工地，承包商应尽可能建设水冲厕所和高效化粪池。对分散施工场地，如渠道，建设无蝇、蛆、无臭、无污染环境的“三无”干厕，但必须做好粪便无害化处理。所有厕所，应安排人员定期打扫、消毒、清理。

8. 野生动、植物保护

8.1 承包商在施工活动中，必须注意保护动、植物资源，在尽量减轻损坏现有生态环境的前提下，创造一个新的有利于良性循环的生态环境。

8.2 各承包商要加强保护野生动、植物的宣传教育，提高保护野生动、植物和生态环境的认识。禁止捕猎砍伐野生动、植物，发现捕猎砍伐野生动、植物的行为必须立即制止，并报告监理工程师和有关部门。

8.3 禁止承包商雇员在施工区内河段上捕捞任何水生动植物。

8.4 承包商在施工过程中，应尽量避免破坏施工区植被，临时占地退场时，应及时恢复地表植被。

9. 土地利用、水土保持和绿化

9.1 承包商应按设计和合同要求节约利用土地。凡因堆料、运输或建筑临时占用合同规定以外的土地时，承包商应向项目办提出申请，由灌区项目办负责向当地土地管理部门提出申请，经批准后方可使用。作业面表层土壤要妥善保存，以便临时用地项目竣工时用于恢复原来的地表面貌或复土还田。

9.2 各承包商在施工活动中必须严格按合同要求采取措施，防止水土流失，防止破坏植被和其他环境资源。

(1)规划范围内进行土、砂石料采集、加工等作业时,必须做到施工场地平整以防止水土流失。

(2)施工期间,砍伐树木、清除地面余土或其他地物时,不得超出设计范围。严禁乱砍、滥伐林木或破坏草灌等植被。

(3)进行渠堤、涵闸、道路、边坡开挖、基础开挖等工程施工时,应根据地形、地质条件等采取工程或生物防护措施,防止边坡失稳、滑坡、坍塌或水土流失。在易造成坍塌滑坡的危险区域内禁止挖土和采集砂石料。

(4)工程竣工后,承包商应按规划设计要求清场并对施工场地进行平整及植被恢复。

10. 文物保护

10.1 各承包商要对其雇员进行文物保护教育,提高保护文物的意识和初步识别文物的能力。

10.2 一切地上、地下文物都归国家所有,不允许任何单位或个人据为己有。

10.3 在施工过程中,发现文物(或疑为文物)时,承包商必须立即停止施工,采取合理的保护措施,防止移动或损坏,并立即将情况通知监理工程师和文物主管部门,执行文物管理部门关于处理文物的指示。

11. 附　则

11.1 本规定自 2003 年 12 月 1 日起生效。

11.2 本规定中所述国家和地方法律、法规、标准是国家和地方现行法律、法规、标准。若在项目施工期内国家或地方颁发新法律、法规、标准,按相应新法律、法规、标准执行。

11.3 本规定解释权归陕西省关中灌区改造工程世界银行贷款项目办公室所有。

附录二:环境管理工作报告(格式)

陕西省关中灌区改造工程世界银行贷款项目 (××灌区)环境管理工作报告

(格式)

1. 引　言

1.1 报告目的

1.2 报告期

1.3 背景

1.4 编写报告所用的资料

2. 环境管理机构及人员配置

2.1 环境管理机构

2.2 部门人力资源配置

3. 主要环境管理工作

3.1 环境管理培训与考察

3.1.1 培训

3.1.2 考察

3.2 公众协商及信息公开

3.3 施工区的环境管理

3.4 移民安置区环境管理

3.5 环境监测

3.5.1 项目区地下水监测

3.5.2 水资源分析

3.5.3 农业生态

3.5.4 灌溉及生活水质

3.5.5 卫生防疫

3.5.6 水库周边环境

3.5.7 灌区水污染源调查

4. 重要环境事项管理

5. 对世界银行上次检查备忘录的响应

6. 总结与结论

7. 下一阶段工作计划

附　件

附图、附照片、环境监测报告

附录三:承包商环境管理月报(格式)

陕西省关中灌区改造工程世界银行贷款项目
××灌区××工程环境管理月报

(格式)

1.供水

1.1 供水系统。说明各工作场地、生活营地、生活用水系统布设情况。

1.2 水质处理措施。说明在保护生活饮用水方面做了哪些工作,包括污染源保护、消毒情况及蓄水、配水和输水设施的管理情况等。

1.3 饮用水的卫生情况。重点描述取样地点、水质监验结果及分析评价。

2.生活污水处理

2.1 排污系统。说明各工作场地、生活营地、生活污水排放系统布设状况。

2.2 污水处理情况。说明监测点位置(附布置图)\ 监测结果及分析评价。

2.3 对排污河流的影响。说明排污趋向和对河流的影响。

3.生产废水

3.1 收集处理。说明由于工程施工产生生产废水的种类,为保护环境采取了哪些措施。

3.2 对排放河流的影响。说明排污趋向和对纳污河流的影响。

4.生活垃圾

4.1 收集。垃圾箱布设及垃圾收集情况。

4.2 处理。垃圾集中处理情况。

5.生产垃圾

5.1 收集。垃圾箱布设及垃圾收集情况。

5.2 处理。垃圾集中处理情况。

6.噪声

对由于施工活动产生噪声污染较大的地方,应说明噪声污染严重情况(包括监测数据)以及采取的措施。

7.大气污染

7.1 粉尘。说明在控制道路扬尘方面做了哪些工作。

7.2 其他。说明在可能产生大气污染的施工现场采取了哪些防治措施。

8.对灌区灌溉的影响

工程施工对灌区的灌溉是否有影响,如果有,说明影响时间、程度和采取的措施。

9.防洪排水

说明各工作场地、生活营地雨水沟布设情况。

10.植被保护

10.1 植被破坏情况(区域、范围、植被种类等)。

10.2 植被恢复情况。

11.卫生防疫

11.1 体检。列出年度体检计划。若本月进行了体检,说明体检情况。

11.2 疾病统计。

12.配合环境监理活动情况

12.1 环境监测单位及监测内容。

12.2 监测活动及工地配合情况。

13.附录

图纸——包括辖区内污染源分布图、供水系统示意图、排水系统图、废水处理设施图、监测位置图等；

监测成果——包括饮用水管网末稍余氯含量监测，污水监测，噪声、大气、粉尘监测，洒水车容量、工作频率统计，体检及疾病发病情况统计等的监测分析成果。

14.其他

14.1 有关图纸在每年的2、8月份的月报里附上完整的一份。

14.2 每项工作表述要详细具体。

14.3 说明收到环境监理工程师“环境通知书”后的响应情况。

附录四：农业生态环境培训教材

第一部分 灌区土壤质量演变趋势与保护

——灌溉—土壤质量—生态环境

王益权

2006 年 1 月

目 录

第二部分　灌区作物病虫害杂草与农药使用的环境效应

——灌溉—植物病虫害

（西北农林科技大学·“植物病理学”国家重点建设实验室）
杨之为

目　录

第三部分　灌区水资源科学管理

——水资源—水环境

（西北农林科技大学水利水电学院）
刘俊民

2006 年 1 月

目　录

第四部分　灌区土壤养分演变趋势及施肥的环境效应

——灌溉—施肥—生态环境

（西北农林科技大学资源环境学院）
李世清

2006 年 1 月

目　录

2. 农田生态系统中的养分

2.1 环境中的养分库

2.2 土壤中的养分转化过程

2.3 农田生态系统中的养分输入

2.3.1 养分的干湿沉降

2.3.2 灌溉输入的养分

2.3.3 施肥

2.3.4 生物固定

2.4 农田生态系统的养分输出

2.4.1 植物吸收利用

2.4.2 侵蚀和径流

2.4.3 挥发

3. 灌溉农田生态系统养分管理

3.1 土壤水分研究——基础性与广泛性

3.2 土壤水分与作物生长关系

3.3 土壤水分—养分过程的复杂性

3.4 灌溉与种植业—畜牧业—食品—环境体系的氮素循环及平衡

3.5 灌溉条件下的肥料与土壤—作物系统生产力

3.6 灌溉条件下的施肥与污染控制污染

3.7 灌溉条件下增加农田单产潜力的分析

3.8 灌溉条件下的施肥过量与不足

4. 水肥相互作用

4.1 以水促肥的理论与实践

4.2 以肥促水的理论与实践

4.3 水分交互作用在农业生产中的应用

本书引用相关资料

[1] 世界银行与中国政府签订的 GIIP 贷款协议,1999
[2] 世界银行援助中国可持续发展采购培训项目培训教材.清华大学,2005
[3] 世界银行陕西省关中灌区改造项目评估文件.世界银行,1999
[4] 世界银行检查团备忘录.世界银行检查团,1999~2006
[5] 关中灌区改造项目环境影响评价报告.陕西省水利电力勘测设计研究院,1998
[6] 关中灌区改造项目环境管理实施计划.环境专家组/项目办,2004
[7] 环境管理工作报告.环境管理办公室,2003~2006
[8] 关中灌区改造项目增加灌溉引水对下游环境影响调查报告.西北农林科技大学西北水科所,2004~2006
[9] 关中灌区改造项目农业生态环境监测报告.西北农林科技大学,2004~2006
[10] 关中灌区改造项目卫生防疫调查报告.陕西省咸阳市疾病控制中心,2004~2006
[11] 关中灌区改造项目地下水监测报告.陕西水利勘察设计院,2004~2006
[12] 关中灌区改造项目灌溉水质及移民生活水质监测报告.西安市环境监测站,2004~2006
[13] 关中灌区污染源调查报告.西北农林科技大学,2006
[14] 宝鸡峡灌区泔河水库塌岸调查报告.陕西省咸阳市水土保持协会,2006
[15] 关中灌区改造工程世界银行贷款项目施工期环境管理规定.项目办,2003
[16] 关中灌区改造工程世界银行贷款项目移民安置专题报告.项目办,2006
[17] 关中灌区改造工程世界银行贷款项目大坝安全专题报告.项目办,2006
[18] 关中灌区改造工程世界银行贷款项目项目执行计划.项目办,1999
[19] 关中灌区改造工程世界银行贷款项目中期调整报告.项目办,2002
[20] 关中灌区改造项目可行性研究补充报告.陕西省水利电力勘测设计研究院,1998
[21] 关中灌区改造工程世界银行贷款项目竣工报告.项目办,2006

参 考 文 献

[1] 沈国明.国外环保概览.成都:四川人民出版社,2002
[2] 吴继霞.当代环境管理的理念建构.北京:中国人民大学出版社,2003
[3] 赵广成.环境保护法新释与例解.北京:同心出版社,2003
[4] 程胜高.高速公路环境评价与发展.北京:中国环境科学出版社,2002
[5] 张明顺.环境管理.武汉:武汉理工大学出版社,2003
[6] 谢庆涛.项目环境管理——山西省万家寨引黄工程实践.北京:中国环境科学出版社,2004
[7] 李建成.环境保护概论.北京:机械工业出版社,2003
[8] 王英健,杨永红.环境监测.北京:化学工业出版社,2004
[9] 王岩,等.环境科学概论.北京:化学工业出版社,2003
[10] 张宝莉,徐玉新.环境管理与规划.北京:中国环境科学出版社,2004
[11] 张金锁.工程项目管理学.北京:科学出版社,2000
[12] 程水源,崔建升,刘建秋,等.建设项目与区域环境影响评价.北京:中国环境科学出版社,2003
[13] 陶善生.灌区企业化管理.北京:中国水利水电出版社,1996
[14] 国家环境保护总局环境工程评估中心.环境影响评价相关法律法规.北京:中国环境科学出版社,2005
[15] 王晓东.对水利工程生态影响问题的看法——在“水利工程生态影响论坛”上的发言摘要.水利发展研究,2005(8):4~6
[16] 王亚华.全球视角的大坝发展趋势与中国的公共政策调整.水利发展研究,2005(8):12~16